상위권 도약을 위한
길라잡이

왕수학

실력편

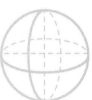

대한민국 수학학력평가의 새로운 기준!!

KMA
한국수학학력평가

| **시험일자** 상반기 | 매년 6월 셋째주
　　　　　　하반기 | 매년 11월 셋째주

| **응시대상** 초등 1년 ~ 중등 3년 (미취학생 및 상급학년 응시 가능)

| **응시방법** KMA 홈페이지 접수 또는 각 지역별 학원접수처 방문 접수

성적우수자 특전 및 시상 내역 등 기타 자세한 사항은 KMA 홈페이지를 참조하세요.

홈페이지 바로가기
(www.kma-e.com)

▶ 본 평가는 100% 오프라인 평가입니다.

주최 | 한국수학학력평가연구원　　　　**주관** | ✔ (주)에듀왕

상위권 도약을 위한
길라잡이

왕수학

실력편

2-1

구성과 특징

왕수학의 특징

1. **왕수학 개념+연산** → **왕수학 기본** → **왕수학 실력** → **점프 왕수학 최상위** 순으로 단계별·난이도별 학습이 가능합니다.

2. 개정교육과정 100% 반영하였습니다.

3. 기본 개념 정리와 개념을 익히는 기본문제를 수록하였습니다.

4. 문제 해결력을 키우는 다양한 창의사고력 문제를 수록하였습니다.

5. 논리력 향상을 위한 서술형 문제를 강화하였습니다.

고고씽!

STEP 3

기본 유형 다지기

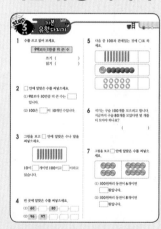

학교 시험에 잘 나오는 문제들과 신경향문제를 해결하면서 자신감을 갖도록 하였습니다.

STEP 2

기본 유형 익히기

교과서와 익힘책 수준의 문제를 유형별로 풀어 보면서 기초를 튼튼히 다질 수 있도록 하였습니다.

출발!

STEP 1

개념 확인하기

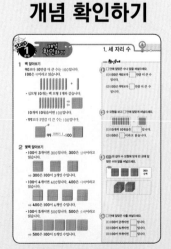

교과서의 내용을 정리하고 이와 관련된 간단한 확인문제로 개념을 이해하도록 하였습니다.

서둘러!

도착!

STEP **6**

STEP **5**

STEP **4**

단원평가

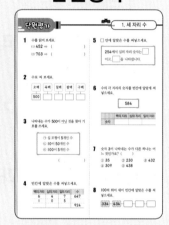

서술형 문제를 포함한 한 단원을 마무리하면서 자신의 실력을 종합적으로 확인할 수 있도록 하였습니다.

응용 실력 높이기

다소 난이도 높은 문제로 구성 하여 논리적 사고력과 응용력을 기르고 실력을 한 단계 높일 수 있도록 하였습니다.

응용 실력 기르기

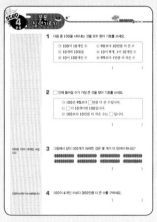

기본 유형 다지기보다 좀 더 수준 높은 문제로 구성하여 실력을 기를 수 있게 하였 습니다.

어서와!

차례 | Contents

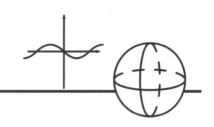

단원 **1** 세 자리 수 —————————————— 5쪽

단원 **2** 여러 가지 도형 ———————————— 29쪽

단원 **3** 덧셈과 뺄셈 ————————————— 53쪽

단원 **4** 길이 재기 —————————————— 83쪽

단원 **5** 분류하기 —————————————— 107쪽

단원 **6** 곱셈 ———————————————— 131쪽

단원 **1** 세 자리 수

이번에 배울 내용

1 백 알아보기

2 몇백 알아보기

3 세 자리 수 알아보기

4 뛰어 세기

5 수의 크기 비교하기

1 백 알아보기

90보다 10만큼 더 큰 수는 100입니다.
100은 백이라고 읽습니다.

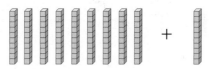

• 십모형 10개는 백 모형 1개와 같습니다.

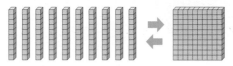

10개씩 10묶음이면 100입니다.

• 99보다 1만큼 더 큰 수는 100입니다.

99 → 더하기 1 → 100

2 몇백 알아보기

• 100이 3개이면 300입니다. 300은 삼백이라고
읽습니다.

➡ 300은 100이 3개인 수입니다.

• 100이 4개이면 400입니다. 400은 사백이라고
읽습니다.

➡ 400은 100이 4개인 수입니다.

• 100이 5개이면 500입니다. 500은 오백이라고
읽습니다.

➡ 500은 100이 5개인 수입니다.

확인문제

1 □ 안에 알맞은 수나 말을 써넣으세요.

(1) 100은 90보다 □ 만큼 더 큰 수
입니다.

(2) 100은 99보다 □ 만큼 더 큰 수
입니다.

2 수 모형을 보고 □ 안에 알맞게 써넣으세요.

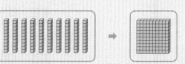

(1) 10개씩 10묶음은 □ 입니다.

(2) 100은 □ 이라고 읽습니다.

3 보기 와 같이 수 모형에 맞게 빈 곳에 알
맞은 수와 말을 써넣으세요.

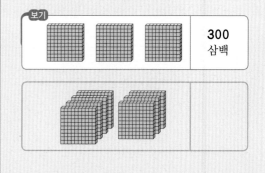

| 보기 | | 300 삼백 |

4 □ 안에 알맞은 수를 써넣으세요.

(1) 100이 2개이면 □ 입니다.

(2) 100이 6개이면 □ 입니다.

(3) 100이 9개이면 □ 입니다.

3 세 자리 수 알아보기

100이 5개, 10이 6개, 1이 2개이면 562입니다.

- 562는 오백육십이라고 읽습니다.
- 562에서 5는 백의
  자리숫자를 나타내고,
  500을 나타냅니다.
  6은 십의 자리 숫자를
  나타내고, 60을 나타
  냅니다.
  2는 일의 자리 숫자를
  나타내고, 2를 나타냅니다.

백의 자리	십의 자리	일의 자리
5	6	2
5	0	0
	6	0
		2

4 뛰어 세기

- 100씩 뛰어 세기

  500 — 600 — 700 — 800 — 900

- 10씩 뛰어 세기

  950 — 960 — 970 — 980 — 990

- 1씩 뛰어 세기

  995 — 996 — 997 — 998 — 999

- 999보다 1만큼 더 큰 수는 1000입니다. 1000
  은 천이라고 읽습니다.

999 더하기 1 → 1000

5 수의 크기 비교하기

- 자릿수가 다른 경우 자릿수가 더 많을수록 큰 수입
  니다. ➡ 99<100
- 자릿수가 같은 경우
  백의 자리 숫자가 클수록 큰 수입니다.
  ➡ 378<611
  백의 자리 숫자가 같으면 십의 자리 숫자가 클수록
  큰 수입니다. ➡ 672>635
  백의 자리, 십의 자리끼리 숫자가 같으면 일의 자
  리 숫자가 클수록 큰 수입니다. ➡ 295<298

확인문제

1 단원

5 수를 읽거나 수로 써 보세요.

(1) 841 ➡ (　　　　　　　　)

(2) 697 ➡ (　　　　　　　　)

(3) 칠백삼십 ➡ (　　　　　　　　)

(4) 삼백이십구 ➡ (　　　　　　　　)

6 수를 보고 □ 안에 알맞게 써넣으세요.

874

(1) 숫자 8은 □의 자리 숫자이고,
　□을 나타냅니다.

(2) 숫자 7은 □의 자리 숫자이고,
　□을 나타냅니다.

(3) 숫자 4는 □의 자리 숫자이고,
　□를 나타냅니다.

7 10씩 뛰어 세어 보세요.

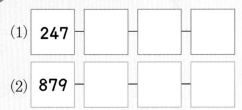

(1) 247

(2) 879

8 100씩 뛰어 세어 보세요.

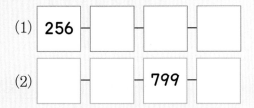

(1) 256

(2) 799

9 824와 732의 크기를 비교하여 알맞은 말에
○표 하세요.

824는 732보다 (큽니다, 작습니다).

유형 1 백 알아보기

☐ 안에 알맞은 수나 말을 써넣으세요.

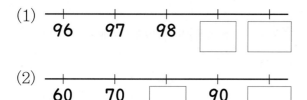

☐ 이 10개이면 100이고, 100은 ☐ 이라고 읽습니다.

1-1 ☐ 안에 알맞은 수를 써넣으세요.

(1) 90보다 10만큼 더 큰 수는 ☐ 입니다.

(2) 100은 99보다 ☐ 만큼 더 큰수 입니다.

1-2 빈 곳에 알맞은 수를 써넣으세요.

(1)

96 97 98 ☐ ☐

(2)

60 70 ☐ 90 ☐

1-3 수 모형을 보고 ☐ 안에 알맞은 수를 써넣으세요.

(1)

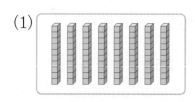

➡ 10이 8개이면 ☐ 입니다.

(2)

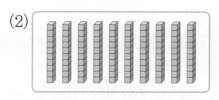

➡ 10이 10개이면 ☐ 입니다.

1-4 관계있는 것끼리 선으로 이어 보세요.

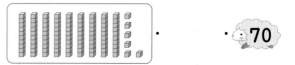
· · 70

· · 100

· · 96

1-5 다음 중 세 수와 다른 수를 나타내는 것을 찾아 기호를 쓰세요.

┌─────────────────────────┐
│ ㉠ 99보다 1만큼 더 큰 수   │
│ ㉡ 90보다 10만큼 더 큰 수   │
│ ㉢ 10이 10개인 수   │
│ ㉣ 100보다 10만큼 더 작은 수 │
└─────────────────────────┘

( )

1-6 유승이는 우표 100장을 모으려고 합니다. 지금까지 우표 90장을 모았다면 몇 장을 더 모아야 하나요?

( )

1-7 귤이 한 봉지에 10개씩 들어 있습니다. 10봉지에는 귤이 모두 몇 개 들어 있나요?

( )

유형 2 몇백 알아보기

□ 안에 알맞은 수를 써넣으세요.

(1) 100이 3개이면 □ 입니다.

(2) 800은 100이 □ 개인 수입니다.

2-1 동전 그림을 보고 □ 안에 알맞은 수를 써넣으세요.

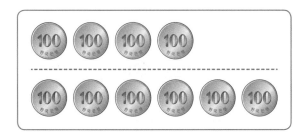

(1) 100원짜리 동전 4개이면 □ 원 입니다.

(2) 600원은 동전 100원짜리 동전이 □ 개입니다.

2-2 보기 와 같이 수 모형에 맞게 빈 곳에 알맞은 수와 말을 써넣으세요.

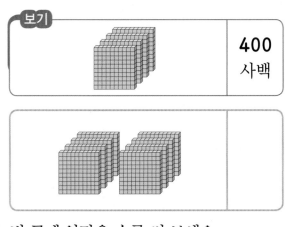

2-3 빈 곳에 알맞은 수를 써 보세요.

오백	육백	칠백	팔백
		700	

2-4 수를 읽거나 □ 안에 알맞은 수를 써넣으세요.

(1) 500 ➡ ( )

(2) 900 ➡ ( )

(3) 600은 100이 □ 개인 수입니다.

(4) 800은 100이 □ 개인 수입니다.

2-5 수 모형을 보고 옳은 것에 ○표, 틀린 것에 ×표 하세요.

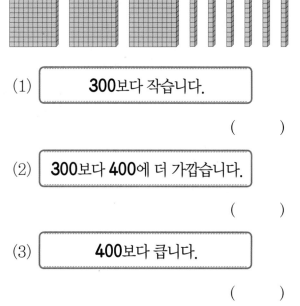

(1) | 300보다 작습니다. |

( )

(2) | 300보다 400에 더 가깝습니다. |

( )

(3) | 400보다 큽니다. |

( )

2-6 같은 수끼리 선으로 이어 보세요.

600 •   • 100이 6개인 수

500 •   • 100이 4개인 수

400 •   • 100이 5개인 수

유형 3 세 자리 수 알아보기

☐ 안에 알맞은 수나 말을 써넣으세요.

100이 4개, 10이 6개, 1이 8개이면
☐이고, ☐이라고 읽습니다.

3-1 수 모형이 나타내는 수를 쓰세요.

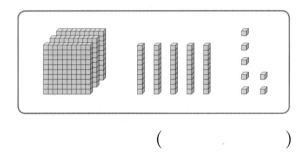

(   )

3-2 수를 읽어 보세요.

(1) **538** ➡ (   )

(2) **270** ➡ (   )

3-3 수로 나타내세요.

(1) 육백이 ➡ (   )

(2) 팔백사십육 ➡ (   )

3-4 ☐ 안에 알맞은 수를 써넣으세요.

100이 2개 ┐
10이 8개 ├ 이면 ☐입니다.
1이 7개 ┘

3-5 100원짜리, 10원짜리, 1원짜리 동전이 있습니다. 동전은 모두 얼마인가요?

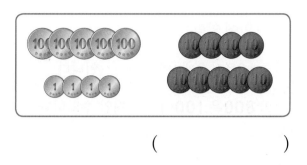

(   )

3-6 각 자리의 숫자를 바르게 쓴 것을 찾아 (   ) 안에 ○표 하세요.

삼백오십		
백의 자리	십의 자리	일의 자리
3	50	

(   )

이백칠십팔		
백의 자리	십의 자리	일의 자리
2	7	8

(   )

3-7 ☐ 안에 알맞은 수를 써넣으세요.

┌ 100이 ☐ 개 ┐
645는 ├ 10이 4개 ├ 입니다.
└ 1이 ☐ 개 ┘

3-8 수를 보고 빈칸에 알맞은 수를 써넣으세요.

725

	백의 자리	십의 자리	일의 자리
자리 숫자	7		
수			5

 **유형 4** 뛰어 세기

□ 안에 알맞은 수를 써넣으세요.

(1) ☐ 씩 뛰어 세면 백의 자리 숫자가
Ⅰ씩 커집니다.

(2) ☐ 씩 뛰어 세면 십의 자리 숫자가
Ⅰ씩 커집니다.

(3) ☐ 씩 뛰어 세면 일의 자리 숫자가
Ⅰ씩 커집니다.

4-1 100씩 뛰어 세어 보세요.

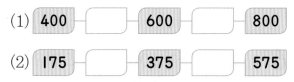

(1) 400 ─ ☐ ─ 600 ─ ☐ ─ 800

(2) 175 ─ ☐ ─ 375 ─ ☐ ─ 575

4-2 10씩 뛰어 세어 보세요.

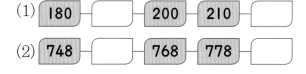

(1) 180 ─ ☐ ─ 200 ─ 210 ─ ☐

(2) 748 ─ ☐ ─ 768 ─ 778 ─ ☐

4-3 다음은 몇씩 뛰어 세기 한 것입니다. 빈
곳에 알맞은 수를 써넣으세요.

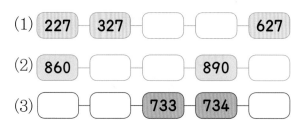

(1) 227 ─ 327 ─ ☐ ─ ☐ ─ 627

(2) 860 ─ ☐ ─ ☐ ─ 890 ─ ☐

(3) ☐ ─ ☐ ─ 733 ─ 734 ─ ☐

유형 5 수의 크기 비교하기

두 수의 크기를 비교하여 ◯ 안에 > 또는
<를 각각 알맞게 써넣으세요.

(1) 537 ◯ 452

(2) 267 ◯ 293

(2) 757 ◯ 754

5-1 수 모형을 보고 ◯ 안에 >, <를 알맞
게 써넣으세요.

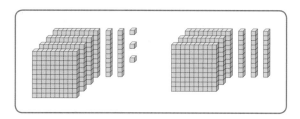

423 ◯ 330

5-2 두 수의 크기를 비교하여 ◯ 안에 >,
<를 알맞게 써넣으세요.

(1) 268 ◯ 76

(2) 398 ◯ 399

5-3 색종이를 한별이는 312장 가지고 있고,
가영이는 270장 가지고 있습니다. 누가
색종이를 더 많이 가지고 있나요?

(   )

1 수를 쓰고 읽어 보세요.

> 99보다 1만큼 더 큰 수

쓰기 (　　　　　　)
읽기 (　　　　　　)

2 ☐ 안에 알맞은 수를 써넣으세요.

(1) 90보다 10만큼 더 큰 수는 ☐ 입니다.

(2) 100은 ☐ 이 10개인 수입니다.

3 그림을 보고 ☐ 안에 알맞은 수나 말을 써넣으세요.

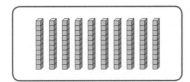

10이 ☐ 개이면 100이고 ☐ 이라고 읽습니다.

4 빈 곳에 알맞은 수를 써넣으세요.

(1) 60 — ☐ — 80 — ☐ — ☐

(2) 96 — 97 — ☐ — ☐ — ☐

5 다음 중 100과 관계있는 것에 ○표 하세요.

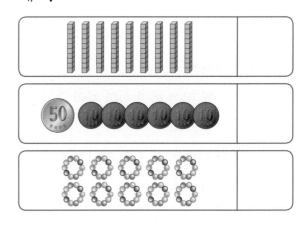

6 석기는 구슬 100개를 모으려고 합니다. 지금까지 구슬 80개를 모았다면 몇 개를 더 모아야 하나요?

(　　　　　　)

7 그림을 보고 ☐ 안에 알맞은 수를 써넣으세요.

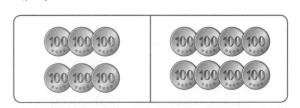

(1) 100원짜리 동전이 6개이면 ☐ 원입니다.

(2) 100원짜리 동전이 8개이면 ☐ 원입니다.

8 수 모형에 맞게 ☐ 안에 알맞은 수를 써넣으세요.

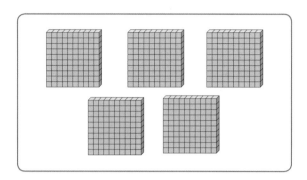

100이 ☐ 개이면 ☐ 입니다.

9 ☐ 안에 알맞은 수를 써넣으세요.

(1) 400은 100이 ☐ 개인 수입니다.

(2) 200은 10이 ☐ 개인 수입니다.

10 수를 읽어 보세요.

(1) 400 ➡ ( )

(2) 600 ➡ ( )

11 수로 써 보세요.

(1) 이백 ➡ ( )

(2) 오백 ➡ ( )

12 동전은 모두 얼마인지 구하세요.

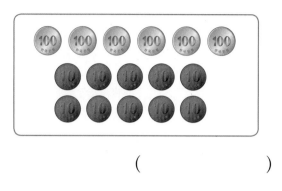

( )

13 옳은 것에 ○표, 틀린 것에 ×표 하세요.

(1) 100이 3개이면 300입니다.

( )

(2) 600은 100이 7개인 수입니다.

( )

(3) 10이 2개이면 200입니다.

( )

14 ☐ 안에 알맞은 수를 보기 에서 골라 써넣으세요.

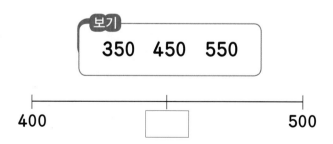

보기
350 450 550

400 ☐ 500

15 양쪽에 있는 수 중에서 가운데에 있는 수와 더 가까운 수에 색칠하세요.

(1)

300	371	400

(2)

700	725	800

16 색종이가 한 상자에 100장씩 들어 있습니다. 9상자에는 색종이가 모두 몇 장 들어 있나요?

( )

17 수 모형이 나타내는 수를 쓰세요.

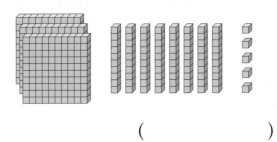

( )

18 얼마인지 세어 보고 □ 안에 알맞은 수를 써넣으세요.

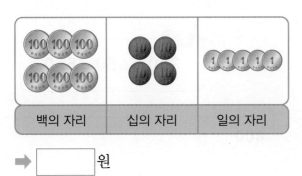

백의 자리	십의 자리	일의 자리

➡ □ 원

19 □ 안에 알맞은 수를 써넣으세요.

100이 5개 ┐
10이 9개 ┤이면 □ 입니다.
1이 4개 ┘

20 수를 보고 □ 안에 알맞은 수를 써넣으세요.

392

(1) 백의 자리 숫자 □은 □을 나타냅니다.

(2) 십의 자리 숫자 □는 □을 나타냅니다.

(3) 일의 자리 숫자 □는 □를 나타냅니다.

21 수로 바르게 나타낸 것은 어느 것인가요?

( )

구백삼십이

① 930   ② 632   ③ 903
④ 932   ⑤ 912

22 수를 읽어 보세요.

482

( )

23 밑줄친 숫자가 얼마를 나타내는지 수 모형에서 찾아 ○표 하세요.

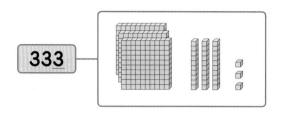

24 그림이 나타내는 수를 쓰고 읽어 보세요.

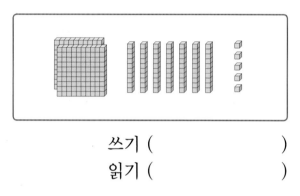

쓰기 (   )

읽기 (   )

25 다음이 나타내는 세 자리 수는 얼마인가요?

| 100이 9개, 1이 5개인 수 |

(   )

26 숫자 6이 60을 나타내는 수를 찾아 쓰세요.

| 638   406   608   769 |

(   )

27 수를 보고 표를 완성하세요.

616

	백의 자리	십의 자리	일의 자리
자리 숫자			
수			

28 백의 자리 숫자가 **7**인 수를 모두 고르세요.

(   )

① 527   ② 738   ③ 373

④ 749   ⑤ 607

29 숫자 **3**이 나타내는 수가 가장 작은 것은 어느 것인가요? (   )

① 384   ② 803   ③ 539

④ 230   ⑤ 437

30 숫자 **4**가 **400**을 나타내는 수는 모두 몇 개인가요?

| 423   754   345   194 |
| 304   480   124   495 |

(   )

31 100원짜리 동전과 10원짜리 동전을 세면서 ☐ 안에 알맞은 수를 써넣으세요.

420 – ☐ – 440 – 450 – ☐

32 몇씩 뛰어 센 것인가요?

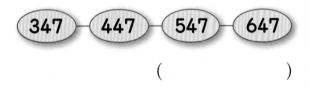

(   )

33 뛰어 세기를 하여 빈 곳에 알맞은 수를 써넣으세요.

(1) 246 346 ☐ ☐ ☐

(2) 657 ☐ 677 687 ☐

(3) 984 ☐ ☐ 987 988

34 332에서 큰 쪽으로 10씩 4번 뛰어 센 수를 구하세요.

(   )

35 뛰어 세는 규칙을 찾아 빈 곳에 알맞은 수를 써넣으세요.

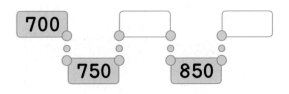

36 뛰어 세기를 하여 빈 곳에 알맞은 수를 써넣을 때 ㉠에 알맞은 수를 구하세요.

558 559 ☐ ☐ ㉠

(   )

37 1000에 대한 설명으로 옳은 것을 찾아 기호를 쓰세요.

> ㉠ 999보다 10만큼 더 큰 수입니다.
> ㉡ 990보다 1만큼 더 큰 수입니다.
> ㉢ 900보다 100만큼 더 큰 수입니다.

(   )

38 유승이가 접은 종이학의 수를 세어 보았더니 990개였습니다. 종이학 1000개를 접으려면 몇 개의 종이학을 더 접어야 하나요?

(   )

39 두 수의 크기를 비교하여 ○ 안에 >, < 를 알맞게 써넣으세요.

(1) 423 ○ 512

(2) 807 ○ 839

(3) 785 ○ 782

40 상연이네 마을에는 남자가 545명, 여자가 533명 있습니다. 남자와 여자 중에서 누가 더 많은가요?

(   )

41 두 수 중 더 큰 수의 기호를 쓰세요.

> ㉠ 100이 9개, 10이 3개, 1이 6개인 수
> ㉡ 100이 9개, 10이 3개, 1이 4개인 수

(   )

42 가장 큰 수를 찾아 각각 ○표 하세요.

(1) 187   252   235

(   )   (   )   (   )

(2) 447   419   436

(   )   (   )   (   )

43 다음 수보다 큰 수를 모두 찾아 ○표 하세요.

426

(294, 567, 383, 461)

44 가장 큰 수부터 차례대로 기호를 쓰세요.

> ㉠ 260   ㉡ 306
> ㉢ 310   ㉣ 401

(   )

45 오늘 하루 동안 줄넘기를 예슬이는 267번, 효근이는 320번 각각 넘었습니다. 오늘 하루 동안 줄넘기를 더 많이 넘은 사람은 누구인가요?

(   )

46 □ 안에 들어갈 수 있는 숫자에 모두 ○표 하세요.

22□ < 224

(0, 1, 2, 3, 4, 5)

1 다음 중 **100**을 나타내는 것을 모두 찾아 기호를 쓰세요.

> ㉠ **100**이 **10**개인 수 ㉡ **90**보다 **10**만큼 더 큰 수
> ㉢ **10**개씩 **10**묶음 ㉣ **10**이 **9**개, **1**이 **10**개인 수
> ㉤ **10**이 **100**개인 수 ㉥ **99**보다 **1**만큼 더 작은 수

( )

2 ☐ 안에 들어갈 수가 가장 큰 것을 찾아 기호를 쓰세요.

> ㉠ **100**은 **95**보다 ☐만큼 더 큰 수입니다.
> ㉡ ☐이 **10**개이면 **100**입니다.
> ㉢ **100**보다 **10**만큼 더 작은 수는 ☐입니다.

( )

100은 **10**이 **10**개인 수입니다.

3 그림에서 감이 **100**개가 되려면, 감은 몇 개가 더 있어야 하나요?

( )

100이 **4**개인 수는 **400**입니다.

4 **100**이 **4**개인 수보다 **300**만큼 더 큰 수를 구하세요.

( )

5 ㉠과 ㉡에 알맞은 수들의 합을 구하세요.

> · **500**은 **100**이 ㉠개인 수입니다.
> · **100**이 ㉡개이면 **800**입니다.

( )

6 수 배열표를 보고 물음에 답하세요.

521	522	523	524	525	526	527	528	529	530
621	622	623	624	625	626	627	628	629	630
721	722	723	724	725	726	727	728	729	730
821	822	823	824	825	826	827	828	829	830
921	922	923	924	925	926	927	928	929	930

(1) 백의 자리 숫자가 **7**인 수를 모두 찾아 빨간색으로 색칠해 보세요.

(2) 일의 자리 숫자가 **5**인 수를 모두 파란색으로 색칠해 보세요.

(3) 두 가지 색이 모두 칠해진 수를 쓰세요.

( )

7 ☐ 안에 알맞은 수를 써넣고 읽어 보세요.

100이 **3**개
10이 **32**개 이면 ☐ ➡ 읽기 : _____
1이 **7**개

100이 ★이면 ★**00**입니다.

사탕이 100개, 10개, 낱개로 각각 몇 개씩 있는지 구해 봅니다.

8 사탕이 100개씩 6봉지, 10개씩 23봉지, 낱개로 3개 있습니다. 사탕은 모두 몇 개인가요?

(   )

9 다음에서 숫자 5가 나타내는 값의 합은 얼마인가요?

805   543

(   )

10 다음 중 바르게 설명한 것을 모두 찾아 기호를 쓰세요.

> ㉠ 986에서 10만큼 뛰어 센 수는 997입니다.
> ㉡ 298에서 20만큼 뛰어 센 수는 318입니다.
> ㉢ 492에서 10만큼 뛰어 센 수는 오공이라고 읽습니다.
> ㉣ 745에서 1만큼 뛰어 센 수의 십의 자리 숫자는 4입니다.

(   )

650에서 두 번 뛰어서 센 수가 750이므로 한 번에 몇씩 뛰어서 센 것인지 알아봅니다.

11 뛰어 세는 규칙을 찾아 빈칸에 알맞은 수를 써넣으세요.

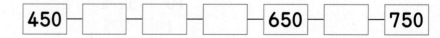

450 ─ □ ─ □ ─ □ ─ 650 ─ □ ─ 750

1 단원

12 연주의 저금통에는 **450**원이 들어 있습니다. 이 저금통에 **100**원짜리 동전을 **3**개 더 넣으면 저금통에 들어 있는 돈은 모두 얼마가 되나요?

( )

100이 6개이면 600
10이 6개이면 60
1이 18개이면 18

100이 5개이면 500
10이 19개이면 190
1이 2개이면 2

13 두 수의 크기를 비교하여 ◯ 안에 >, <를 알맞게 써넣으세요.

| 100이 6개, 10이 6개, 1이 18개인 수 | | 100이 5개, 10이 19개, 1이 2개인 수 |

14 큰 수부터 순서대로 기호를 쓰세요.

> ㉠ 153보다 100만큼 더 큰 수
> ㉡ 258보다 10만큼 더 작은 수
> ㉢ 346보다 100만큼 더 작은 수
> ㉣ 199보다 1만큼 더 큰 수

( )

두 수의 일의 자리 숫자의 크기 비교로 ☐ 안에 들어갈 수 있는 숫자를 알아봅니다.

15 ☐ 안에 들어갈 수 있는 숫자를 모두 찾아 ◯표 하세요.

584 < 5☐6

(4, 5, 6, 7, 8, 9)

01

가장 높은 자리에 숫자 0은 올 수 없습니다.

4장의 숫자 카드 중에서 **3**장을 뽑아 한 번씩만 사용하여 만들 수 있는 가장 큰 세 자리 수와 가장 작은 세 자리 수를 각각 구하세요.

3	0	7	6

가장 큰 세 자리 수 (   )

가장 작은 세 자리 수 (   )

02

가장 큰 세 자리 수를 만들려면 백의 자리, 십의 자리, 일의 자리에 가장 큰 숫자부터 순서대로 씁니다.

세 장의 숫자 카드 5 , 2 , 7 을 한 번씩만 사용하여 만든 가장 큰 세 자리 수와 그 수보다 **40**만큼 더 큰 수를 각각 구하세요.

가장 큰 세 자리 수 (   )

40만큼 더 큰 수 (   )

03

먼저 몇씩 뛰어서 셌는지 알아봅니다.

뛰어 세는 규칙을 찾아 빈 곳에 알맞은 수를 써넣으세요.

367		407				

04

각각을 세 자리 수로 나타내고 크기를 비교합니다.

가장 작은 수부터 순서대로 기호를 쓰세요.

> ㉠ 100이 5개, 10이 8개, 1이 2개인 수
>
> ㉡ 오백이십팔
>
> ㉢ 410에서 30씩 2번 뛰어 센 수
>
> ㉣ 500보다 20만큼 더 작은 수

(   )

05

먼저 어떤 수가 얼마인지 알아봅니다.

어떤 수보다 100만큼 더 작은 수는 248입니다. 어떤 수보다 10만큼 더 큰 수를 구하세요.

(   )

06

3가지 조건을 이용하여 각 자리 숫자를 구한 후 세 자리 수를 구합니다.

다음 조건을 만족하는 세 자리 수를 구하세요.

> • 십의 자리 숫자가 5입니다.
> • 십의 자리 숫자와 일의 자리 숫자가 같습니다.
> • 백의 자리 숫자와 일의 자리 숫자의 합은 8입니다.

(   )

07

몇씩 뛰어서 센 것인지 연속해 있는 두 수의 차로 알아봅니다.

몇씩 뛰어 센 수를 수직선에 나타냈습니다. ㉠과 ㉡이 나타내는 수를 각각 쓰세요.

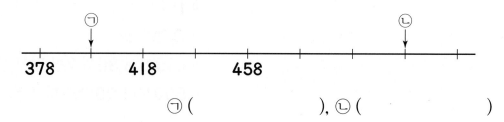

㉠ (   ), ㉡ (   )

08

수 카드의 수와 주어진 수의 크기를 비교한 것입니다. 수 카드의 수를 □ 안에 하나씩 알맞게 써넣으세요.

| 840 | 860 | 820 |

847 < □

831 < □

819 < □

09

401부터 499까지의 수 중에서 일의 자리 숫자와 십의 자리 숫자가 6인 수를 모두 찾습니다.

400보다 크고 500보다 작은 수 중에서 숫자 6이 들어 있는 수는 모두 몇 개인가요?

(   )

10

성현이는 100원짜리 동전 4개, 10원짜리 동전 7개, 1원짜리 동전 5개를 갖고 있고, 준우는 100원짜리 동전 2개, 50원짜리 동전 5개, 1원짜리 동전 3개를 갖고 있습니다. 누가 더 많은 돈을 갖고 있는지 구하세요.

(   )

11

☐ 안에 공통으로 들어갈 수 있는 숫자를 모두 구하세요.

$$33\square < 337 \qquad 485 < \square50$$

(   )

12

352보다 크고 524보다 작은 세 자리 수 중 십의 자리 숫자가 8, 일의 자리 숫자가 7인 수를 찾습니다.

다음 글을 읽고, 조건을 만족하는 수는 몇 개인지 구하세요.

- 세 자리 수입니다.
- 십의 자리 숫자는 80을 나타냅니다.
- 일의 자리 숫자는 7입니다.
- 352보다 크고 524보다 작습니다.

(   )

1 수를 읽어 보세요.

(1) **452** ➡ (   )

(2) **703** ➡ (   )

2 수로 써 보세요.

오백	육백	칠백	팔백	구백
500				

3 나타내는 수가 **500**이 <u>아닌</u> 것을 찾아 기호를 쓰세요.

> ㉠ 십 모형이 **5**개인 수
> ㉡ **10**이 **50**개인 수
> ㉢ **100**이 **5**개인 수

(   )

4 빈칸에 알맞은 수를 써넣으세요.

백의 자리	십의 자리	일의 자리	수
6	4	7	647
1	0	5	
			924

5 □ 안에 알맞은 수를 써넣으세요.

> **254**에서 십의 자리 숫자는 □ 이고, □ 을 나타냅니다.

6 수의 각 자리의 숫자를 빈칸에 알맞게 써넣으세요.

> **584**

	백의 자리	십의 자리	일의 자리
숫자			

7 숫자 **3**이 나타내는 수가 <u>다른</u> 하나는 어느 것인가요? (   )

① **35**   ② **230**   ③ **432**

④ **309**   ⑤ **438**

8 **100**씩 뛰어 세어 빈칸에 알맞은 수를 써넣으세요.

| 334 | 434 | | | |

9 보기 와 같이 가운데 수는 양쪽에 있는 수 중에서 어떤 수에 더 가까운지 쓰세요.

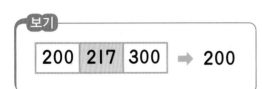

보기
| 200 | 217 | 300 | ➡ 200 |

(1)
| 500 | 538 | 600 |

➡ (   )

(2)
| 800 | 874 | 900 |

➡ (   )

10 두 수의 크기를 비교하여 ○ 안에 >, < 를 알맞게 써넣으세요.

(1) 372 ○ 810

(2) 645 ○ 629

11 □ 안에 알맞은 수를 써넣으세요.

599보다
┌ 1만큼 더 큰 수는 □
├ 10만큼 더 큰 수는 □
└ 100만큼 더 큰 수는 □

12 다음 수를 쓰고 읽어 보세요.

100이 4개, 10이 6개, 1이 2개인 수

쓰기 (   )
읽기 (   )

13 수수깡이 100개씩 3봉지, 10개씩 17봉지, 낱개로 5개 있습니다. 수수깡은 모두 몇 개인가요?

(   )

14 가장 큰 수부터 순서대로 기호를 쓰세요.

| ㉠ 462 | ㉡ 508 |
| ㉢ 399 | ㉣ 470 |

(   )

15 수 배열표에서 ㉠에 알맞은 수를 구하세요.

30	31	32	33	34
35	36			
				㉠

( )

16 한 상자에 공책이 100권씩 들어 있습니다. 공책이 4상자가 있었고, 2상자를 더 사 왔다면 공책은 모두 몇 권인가요?

( )

17 한초는 100원짜리 동전 5개, 10원짜리 동전 8개를 가지고 있습니다. 한초가 가지고 있는 돈은 모두 얼마인가요?

( )

18 일정한 규칙에 따라 수를 다음과 같이 늘어놓았습니다. ㉠에 알맞은 수를 구하세요.

103, 204, 305, ☐, ㉠

( )

19 세 장의 숫자 카드 3 , 1 , 5 를 한 번씩만 사용하여 만들 수 있는 세자리 수 중 가장 큰 수와 가장 작은 수를 구하려고 합니다. 풀이 과정을 쓰고 답을 구하세요.

풀이

답

20 다음 수에서 10씩 6번 뛰어서 센 수는 얼마인지 풀이 과정을 쓰고 답을 구하세요.

100이 5개, 10이 2개, 1이 6개인 수

풀이

답

단원 **2** 여러 가지 도형

이번에 배울 내용

1 삼각형 알아보고 찾기

2 사각형 알아보고 찾기

3 원 알아보고 찾기

4 칠교판으로 모양 만들기

5 똑같은 모양으로 쌓아 보기

6 여러 가지 모양으로 쌓아 보기

2. 여러 가지 도형

1 삼각형 알아보고 찾기

- 그림과 같은 모양의 도형을 삼각형이라고 합니다.

- 삼각형의 특징
  ① 곧은 선 **3**개로 둘러싸여 있습니다.
  ② 꼭짓점이 **3**개, 변이 **3**개 있습니다.

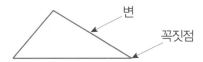

2 사각형 알아보고 찾기

- 그림과 같은 모양의 도형을 사각형이라고 합니다.

- 사각형의 특징
  ① 곧은 선 **4**개로 둘러싸여 있습니다.
  ② 꼭짓점이 **4**개, 변이 **4**개 있습니다.

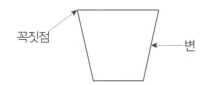

3 원 알아보기

- 그림과 같은 모양의 도형을 원이라고 합니다.

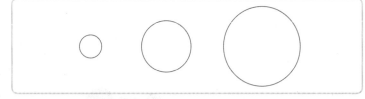

- 원의 특징
  ① 뾰족한 부분이 없습니다.
  ② 곧은 선이 없습니다.
  ③ 원의 모양은 모두 같고, 크기만 다릅니다.
  ④ 어느 쪽에서 보아도 똑같이 동그란 모양입니다.

확인문제

1 삼각형을 모두 찾아 기호를 쓰세요.

㉠   ㉡

㉢   ㉣

(   )

2 □ 안에 알맞은 수를 써넣으세요.

삼각형은 변이 □개, 꼭짓점이
□개 입니다.

3 사각형을 모두 찾아 기호를 쓰세요.

㉠   ㉡

㉢   ㉣

(   )

4 □ 안에 알맞은 수를 써넣으세요.

사각형은 변이 □개, 꼭짓점이
□개입니다.

5 다음에서 원을 모두 찾아 기호를 쓰세요.

㉠   ㉡

㉢   ㉣

㉤   ㉥

㉦   ㉧

(   )

4 칠교판으로 모양 알아보기

칠교판의 조각은 **7**조각이고, 이 조각들을 이용하여 여러 가지 모양을 만들 수 있습니다.

 →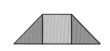

5 똑같은 모양으로 쌓아 보기

(1) 똑같은 모양으로 쌓을 때 필요한 쌓기나무의 수

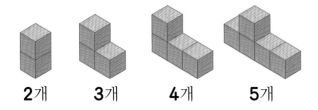

2개   **3**개   **4**개   **5**개

(2) 쌓은 모양에서의 위치 관계

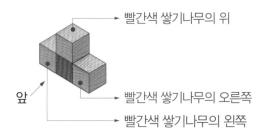

── 빨간색 쌓기나무의 위

앞

── 빨간색 쌓기나무의 오른쪽
── 빨간색 쌓기나무의 왼쪽

6 여러 가지 모양으로 쌓아 보기

쌓기나무 **3**개, **4**개, **5**개를 쌓아 만들 수 있는 모양

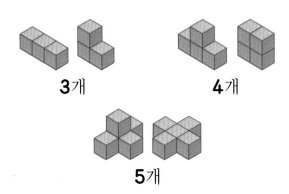

3개   **4**개

5개

확인문제

2 단원

6 □ 안에 알맞은 수를 써넣으세요.

> 칠교판의 조각은 모두 □ 조각이고, 이 중 삼각형은 □ 조각, 사각형은 □ 조각입니다.

7 빨간색 쌓기나무의 위에 있는 쌓기나무를 찾아 ○표 하세요.

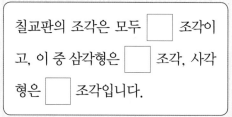

앞   오른쪽

8 알맞은 말에 ○표 하세요.

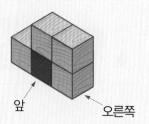

앞   오른쪽

> 쌓기나무 **2**개가 나란히 있고 왼쪽 쌓기나무의 (위 , 뒤)에 쌓기나무 **1**개가 있습니다.

9 쌓기나무의 개수가 <u>다른</u> 하나를 찾아 기호를 쓰세요.

ㄱ   ㄴ   ㄷ

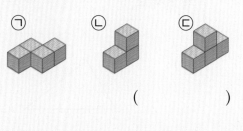

(   )

유형 1 삼각형 알아보고 찾기

다음과 같은 도형의 이름을 쓰세요.

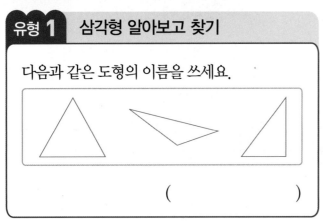

( )

1-1 삼각형 모양을 찾을 수 있는 물건을 찾아 기호를 쓰세요.

( )

1-2 삼각형에 대한 설명으로 옳지 <u>않은</u> 것은 어느 것인가요? ( )

① 변이 **3**개입니다.

② 꼭짓점이 **3**개입니다.

③ 굽은 선으로만 이루어져 있습니다.

④ 곧은 선들이 서로 만납니다.

⑤ △ 모양입니다.

1-3 삼각형을 보고 □ 안에 알맞은 이름을 써넣으세요.

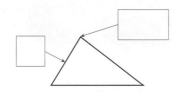

1-4 삼각형의 변과 꼭짓점은 각각 몇 개인지 □ 안에 알맞은 수를 써넣으세요.

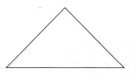

변 : ☐ 개

꼭짓점 : ☐ 개

1-5 점 종이 위에 삼각형 **1**개를 그려 보세요.

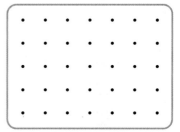

1-6 다음 도형을 점선을 따라 자르면 삼각형이 몇 개 생기는지 구하세요.

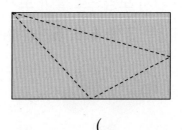

( )

유형 2 사각형 알아보고 찾기

다음 중 사각형을 모두 찾아 기호를 쓰세요.

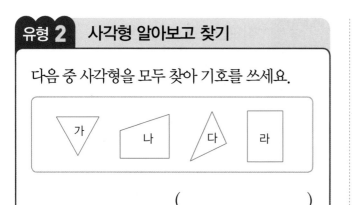

(   )

2-1 사각형 모양을 찾을 수 있는 물건을 찾아 기호를 쓰세요.

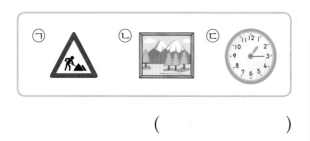

(   )

2-2 사각형에 대한 설명으로 옳은 것을 모두 고르세요. (   )

① 변이 **3**개입니다.

② 꼭짓점이 **4**개입니다.

③ 굽은 선으로만 이루어져 있습니다.

④ 곧은 선들이 서로 만납니다.

⑤ △ 모양입니다.

2-3 사각형을 보고 □ 안에 알맞은 이름을 써넣으세요.

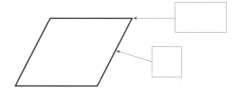

2-4 사각형의 변과 꼭짓점은 각각 몇 개인지 □ 안에 알맞은 수를 써넣으세요.

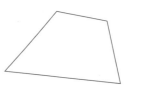

변 : □ 개

꼭짓점 : □ 개

2-5 점 종이 위에 사각형을 **1**개 그려 보세요.

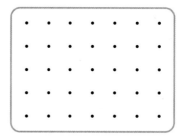

2-6 다음 도형을 점선을 따라 자르면 어떤 도형이 몇 개 생기는지 구하세요.

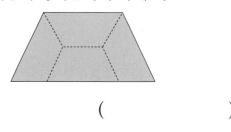

(   )

유형 3 원 알아보고 찾기

다음에서 원을 찾아 색칠해 보세요.

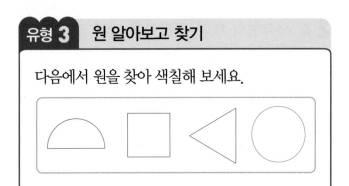

3-1 다음 물건의 본을 떠서 원을 그릴 수 있는 것을 모두 찾아 기호를 쓰세요.

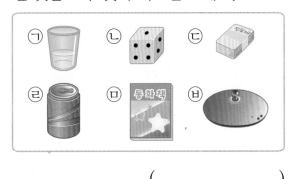

(   )

3-2 원에 대한 설명으로 옳지 <u>않은</u> 것은 어느 것인가요? (   )

① 어느 방향에서 보아도 똑같은 모양입니다.

② 곧은 선이 없습니다.

③ 변의 개수는 **0**개입니다.

④ 크기는 같지만 생긴 모양이 다릅니다.

⑤ 동그란 모양을 본뜬 모양입니다.

3-3 크기가 다른 원 **3**개를 그려 보세요.

유형 4 칠교판으로 모양 만들기

칠교판을 보고 ☐ 안에 알맞은 수나 말을 써넣으세요.

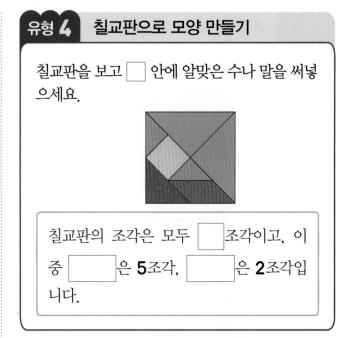

칠교판의 조각은 모두 ☐ 조각이고, 이 중 ☐ 은 **5**조각, ☐ 은 **2**조각입니다.

4-1 다음 칠교판을 보고 물음에 답하세요.

(1) 칠교판의 **가**, **나** 조각을 이용하여 다음 도형을 만들어 보세요.

(2) 칠교판의 **다**, **라**, **마** 조각을 모두 이용하여 삼각형과 사각형을 각각 한 개씩 만들어 보세요.

삼각형

사각형

2 단원

유형 5 똑같은 모양으로 쌓아 보기

똑같은 모양으로 쌓으려면 쌓기나무가 몇 개 필요한지 구하세요.

(1) 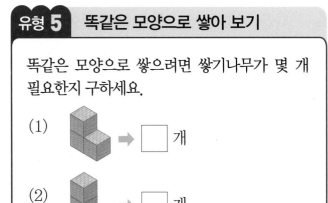 ➡ ☐ 개

(2) ➡ ☐ 개

5-1 빨간색 쌓기나무의 오른쪽에 있는 쌓기나무를 찾아 ◯표 하세요.

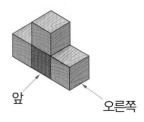

앞   오른쪽

5-2 빨간색 쌓기나무의 윗쪽에 있는 쌓기나무를 찾아 ◯표 하세요.

앞   오른쪽

5-3 계단 모양으로 1층에 2개, 2층에 1개를 쌓은 것을 찾아 기호를 쓰세요. (   )

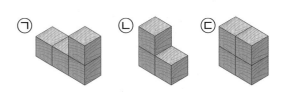

ㄱ   ㄴ   ㄷ

유형 6 여러 가지 모양으로 쌓아 보기

쌓기나무 5개로 만든 모양이 아닌 것을 찾아 기호를 쓰세요. (   )

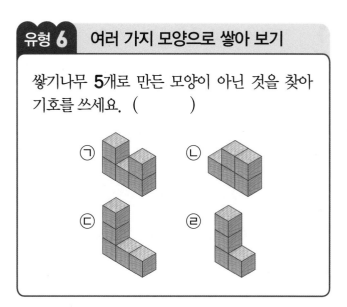

ㄱ   ㄴ

ㄷ   ㄹ

6-1 쌓은 모양을 설명한 것입니다. 보기 에서 알맞은 말을 골라 ☐ 안에 써넣으세요.

보기
위, 앞, 뒤, 오른쪽, 왼쪽

(1)

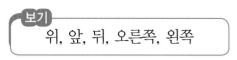

앞   오른쪽

쌓기나무 2개를 옆으로 나란히 놓고, 왼쪽 쌓기나무의 ☐에 쌓기나무 1개를 놓습니다.

(2)

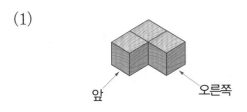

앞   오른쪽

1층에 쌓기나무 3개를 쌓고, 가장 왼쪽 쌓기나무의 ☐에 쌓기나무 1개를 쌓습니다.

1 도형을 보고 물음에 답하세요.

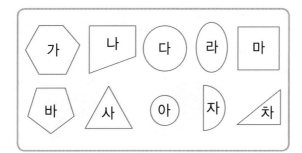

(1) 삼각형을 모두 찾아 기호를 쓰세요.

(   )

(2) 사각형을 모두 찾아 기호를 쓰세요.

(   )

2 삼각형을 모두 찾아 색칠해 보세요.

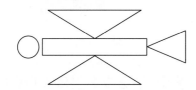

3 사각형에 대한 설명이 <u>아닌</u> 것을 찾아 기호를 쓰세요.

> ㉠ 4개의 변이 있습니다.
> ㉡ 굽은 선으로 둘러싸여 있습니다.
> ㉢ 뾰족한 곳이 4군데 있습니다.

(   )

4 다음 도형 중에서 원을 모두 찾아 기호를 쓰세요.

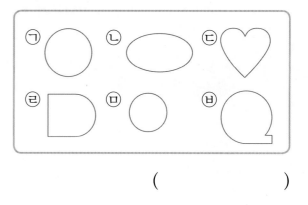

(   )

5 다음에서 원은 모두 몇 개인가요?

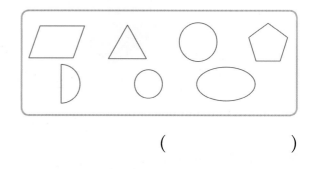

(   )

6 다음 도형은 원이 아닙니다. 원이 <u>아닌</u> 이유를 써 보세요.

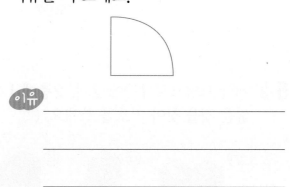

이유 _____

_____

_____

7 왼쪽과 다른 삼각형을 오른쪽에 그려 보세요.

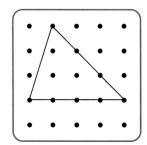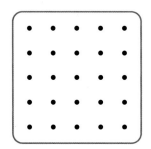

8 왼쪽과 다른 사각형을 오른쪽에 그려 보세요.

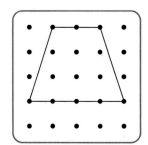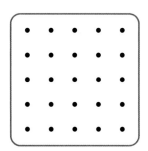

9 원으로만 그린 그림의 기호를 쓰세요.

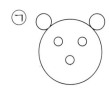

( )

설명에 맞는 도형을 점 종이 위에 그려 보세요. [10~11]

2
단원

10
- 변이 **3**개입니다.
- 도형의 안쪽에 점이 **3**개 있습니다.

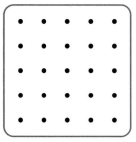

11
- 변이 **4**개입니다.
- 도형의 안쪽에 점이 **5**개 있습니다.

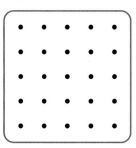

12 그림에서 삼각형, 사각형, 원 중 가장 많은 도형은 가장 적은 도형보다 몇 개 더 많은가요?

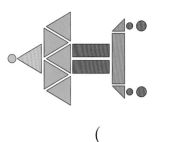

( )

13 그림에서 원은 모두 몇 개인가요?

(1)

(   )

(2)

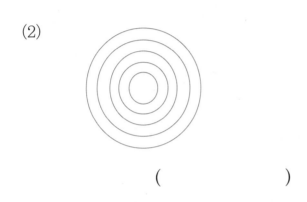

(   )

14 다음과 같은 종이를 점선을 따라 자르면 삼각형과 사각형은 각각 몇 개씩 생기나요?

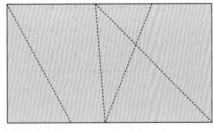

삼각형 (   ), 사각형 (   )

15 다음 도형에서 찾을 수 있는 크고 작은 삼각형은 모두 몇 개인가요?

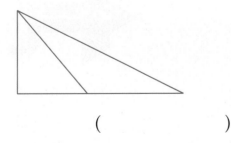

(   )

색종이를 점선을 따라 자르려고 합니다. 물음에 답하세요. [16~17]

16 점선을 따라 자르면 삼각형은 몇 개가 생기나요?

(   )

17 점선을 따라 잘라 생기는 도형 중 삼각형은 사각형보다 몇 개 더 많은가요?

(   )

18 ♥＋★은 얼마인가요?

> • 삼각형의 변은 ♥개입니다.
> • 사각형의 꼭짓점은 ★개입니다.

(   )

19 다음 도형에서 찾을 수 있는 크고 작은 사각형은 모두 몇 개인가요?

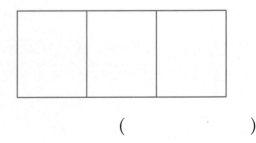

(   )

칠교판을 보고 물음에 답하세요. [20~23]

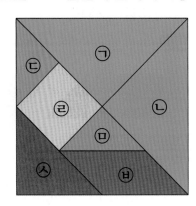

20 칠교판의 **7**조각 중에서 삼각형을 모두 찾아 기호를 쓰세요.

( )

21 칠교판의 **7**조각 중에서 사각형을 모두 찾아 기호를 쓰세요.

( )

22 위의 칠교판에서 찾을 수 있는 크고 작은 삼각형이 모두 몇 개인지 알아보는 과정입니다. ☐ 안에 알맞은 수를 써넣으세요.

> 칠교판의 **7**조각 중 삼각형인 것은 ☐ 개이고, 가장 큰 삼각형 조각 **2**개를 붙여서 만든 삼각형이 ☐ 개, 나머지 **5**조각을 붙여서 만든 삼각형이 ☐ 개이므로, 찾을 수 있는 크고 작은 삼각형은 모두 ☐ 개입니다.

23 왼쪽 칠교판의 ㉣, ㉤, ㉥ **3**개의 조각을 이용하여 다음 모양을 만들어 보세요.

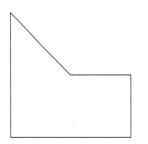

24 칠교판에 대한 설명으로 옳은 것을 찾아 기호를 쓰세요.

> ㉠ 칠교판의 조각은 모두 **8**개입니다.
> ㉡ 칠교판의 조각 중 크기가 가장 작은 조각은 사각형 모양입니다.
> ㉢ 칠교판의 조각 중 사각형 모양은 **2**개입니다.

( )

25 칠교판의 조각을 이용하여 만든 모양입니다. 사용한 삼각형과 사각형 조각의 수를 각각 구하세요.

(1)

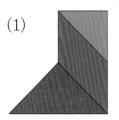

도형	도형의 수
삼각형	
사각형	

(2)

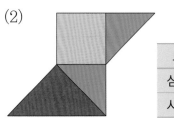

도형	도형의 수
삼각형	
사각형	

칠교판의 조각 중 다음 세 조각을 모두 사용하여 주어진 모양을 만들어 보세요.

[26~28]

26

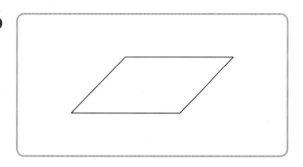

27

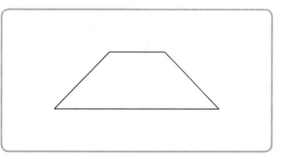

28

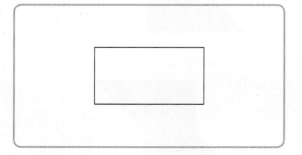

29 보기 의 조각을 이용해서 만들 수 <u>없는</u> 모양의 기호를 쓰세요.

보기

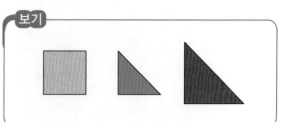

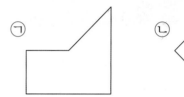

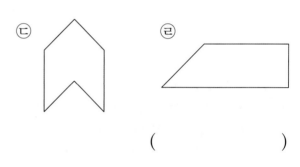

(   )

30 빨간색 쌓기나무의 앞쪽에 있는 쌓기나무를 찾아 ○표 하세요.

(1)

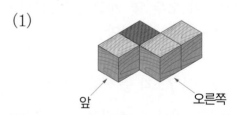

앞   오른쪽

(2)

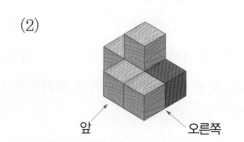

앞   오른쪽

31 다음 설명에 알맞은 쌓기나무 모양을 찾아 기호를 쓰세요.

> • 3층으로 쌓았습니다.
> • 1층의 쌓기나무의 수는 3개입니다.

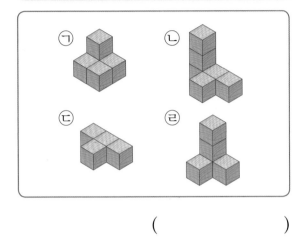

(   )

🐱 쌓기나무로 쌓은 모양을 보고 물음에 답하세요. [32~33]

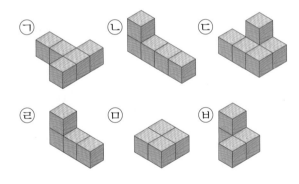

32 쌓기나무 4개로 만든 모양을 모두 찾아 기호를 쓰세요.

(   )

33 쌓기나무 5개로 만든 모양을 모두 찾아 기호를 쓰세요.

(   )

34 왼쪽 모양에서 쌓기나무 1개를 옮겨 오른쪽과 똑같은 모양을 만들려고 합니다. 옮겨야 할 쌓기나무는 어느 것인지 왼쪽 그림에서 ○표 하세요.

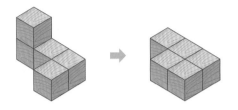

35 쌓기나무 5개로 쌓은 모양에 대한 설명이 <u>틀린</u> 부분을 찾아 바르게 고치세요.

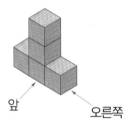

앞   오른쪽

> 1층에 쌓기나무 3개를 옆으로 나란히 놓고, 오른쪽 쌓기나무의 위에 쌓기나무 3개를 쌓았습니다.

⬇

36 오른쪽 그림은 쌓기나무를 앞에서 본 그림입니다. 알맞은 쌓기나무를 찾아 기호를 쓰세요.

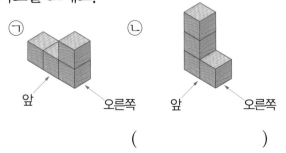

ㄱ   ㄴ

앞   오른쪽   앞   오른쪽

(   )

도형의 크기별로
1개짜리 사각형, **2**개짜리 사각형, **3**개짜리 사각형으로 나누어 생각합니다.

1 오른쪽 그림은 네델란드의 국기입니다. 네델란드 국기에서 찾을 수 있는 크고 작은 사각형은 모두 몇 개인가요?

( )

2 ㉠과 ㉡에 알맞은 두 수의 합을 구하세요.

> • 삼각형에서 변과 꼭짓점의 개수의 합은 ㉠개입니다.
> • 사각형에서 변과 꼭짓점의 개수의 합은 ㉡개입니다.

( )

원의 특징에 대해서 생각해 봅니다.

3 원에 대한 설명입니다. 옳은 것을 모두 찾아 기호를 쓰세요.

> ㉠ 꼭짓점은 없지만 변은 있습니다.
> ㉡ 원의 크기는 모두 같고 모양만 다릅니다.
> ㉢ 동전을 본 떠 원을 그릴 수 있습니다.
> ㉣ 어느 쪽에서 보아도 똑같은 동그란 모양입니다.
> ㉤ 여러 가지 도형 중에서 꼭짓점이 가장 많은 도형입니다.

( )

4 도형의 특징을 <u>잘못</u> 설명한 것은 어느 것인가요? ( )

> ㉠ 원에는 꼭짓점과 변이 모두 없습니다.
> ㉡ 사각형은 삼각형보다 꼭짓점이 **1**개 적습니다.
> ㉢ 원에는 곧은 선이 없습니다.
> ㉣ 삼각형, 사각형, 원 중에서 꼭짓점이 가장 많은 것은 사각형입니다.

2
단원

5 그림과 같이 색종이를 반으로 접어서 점선을 따라 오렸습니다. ㉮ 부분을 펼쳤을 때 생기는 도형의 이름을 쓰세요.

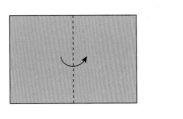 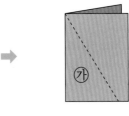

(   )

6 오른쪽 그림에서 삼각형, 사각형, 원 중에서 가장 많이 사용한 도형과 가장 적게 사용한 도형의 개수의 합을 구하세요.

(   )

7 오른쪽 그림에서 삼각형, 사각형, 원 중에서 가장 많이 사용한 도형과 가장 적게 사용한 도형의 개수의 차를 구하세요.

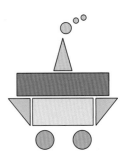

(   )

8 그림에서 찾을 수 있는 크고 작은 삼각형은 모두 몇 개인가요?

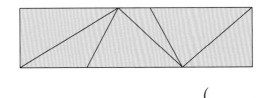

(   )

접었다가 펼쳤을 때의 모양을 생각해 봅니다.

9 색종이를 오른쪽 그림과 같이 접었다 펼쳤습니다. 접힌 자국을 따라 자르면 잘려진 두 도형의 꼭짓점의 합은 몇 개인가요?

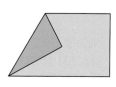

(   )

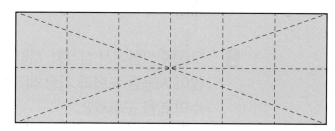 종이를 점선을 따라 자르려고 합니다. 물음에 답하세요. [10~11]

10 종이를 점선을 따라 잘랐을 때 생기는 삼각형은 몇 개인가요?

(   )

11 종이를 점선을 따라 잘랐을 때 생기는 사각형은 몇 개인가요?

(   )

삼각형은 꼭짓점이 **3**개, 사각형은 꼭짓점이 **4**개입니다.

12 오른쪽 그림에서 사용된 도형들을 보고 사용된 도형들의 꼭짓점 수의 합을 구하세요.

(   )

13 주어진 칠교판의 조각 **4**개를 가지고 다음 도형을 만들어 보세요.

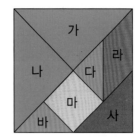

(1)

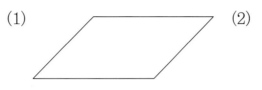

(2)

쌓기나무가 각각 어떻게 놓여 있는지 알아봅니다.

14 왼쪽 모양을 오른쪽 모양과 똑같이 만들려고 합니다. 더 필요한 쌓기나무는 몇 개인가요?

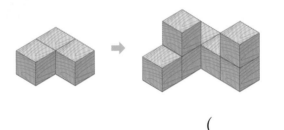

(   )

먼저 보이는 쌓기나무의 개수를 알아봅니다.

15 쌓기나무 **5**개를 이용하여 만든 모양입니다. 앞에서 봤을 때 보이지 않는 쌓기나무는 몇 개입니까?

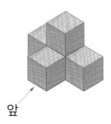

앞

(   )

01

규칙에 따라 도형을 늘어놓았습니다. |5째에 놓이는 도형의 변은 몇 개인가요?

(   )

02

오른쪽 모양을 왼쪽 도형으로 빈 틈없이 나누어 봅니다.

왼쪽 도형을 여러 개 사용하여 오른쪽 모양을 꼭 맞게 만들어 보려고 합니다. 왼쪽 도형을 몇 개 사용하여야 하나요?

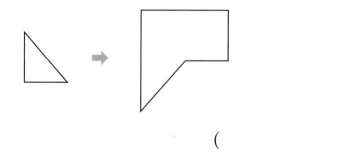

(   )

03

도형을 크기별로 |개짜리 사각형, **2**개짜리 사각형, **3**개짜리 사각형, **4**개짜리 사각형으로 나누어서 생각합니다.

그림에서 찾을 수 있는 크고 작은 사각형은 모두 몇 개인가요?

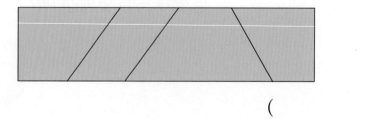

(   )

04

사각형 안에 점이 **6**개가 되도록 곧은 선을 몇 개 더 그려야 할지를 생각해야 합니다.

오른쪽 사각형 안에 있는 점이 **6**개가 되도록 주어진 **2**개의 곧은 선을 변으로 하는 사각형을 그려 보세요.

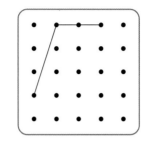

05

점선을 따라 잘랐을 때 어떤 도형들이 생길지를 먼저 생각해 봅니다.

오른쪽 색종이를 점선을 따라 잘랐을 때 생기는 도형 중 변이 **4**개인 도형은 변이 **3**개인 도형보다 몇 개 더 많은가요?

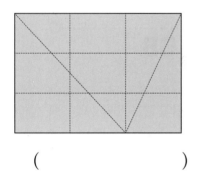

(   )

06

사용된 도형의 개수만큼 변의 개수도 모두 세어야 합니다.

오른쪽 그림에서 가장 많이 사용된 도형을 알아본 후 그 도형의 변의 개수는 모두 몇 개인지 구하세요.

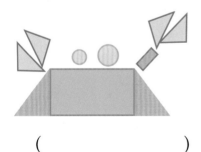

(   )

07

도형을 크기별로 1개짜리 삼각형, 2개짜리 삼각형, 4개짜리 삼각형으로 나누어서 생각합니다.

그림에서 찾을 수 있는 크고 작은 삼각형은 모두 몇 개인가요?

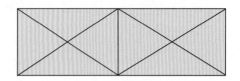

(   )

08

규칙을 찾아 ◯ 안에 알맞은 수를 써넣으세요.

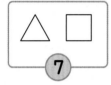 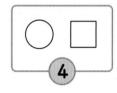 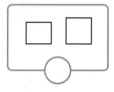

09

왼쪽 그림의 칠교판의 조각을 사용하여 오른쪽 모양을 만들어 보세요.

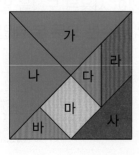 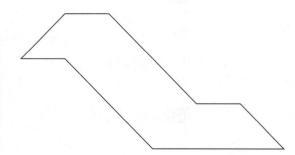

10 세 점을 꼭짓점으로 하여 만들 수 있는 삼각형은 모두 몇 개인가요?

(   )

쌓기나무 모양을 보고 물음에 답하세요. [11~12]

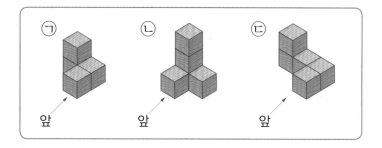

11 다음 설명에 알맞은 쌓기나무 모양을 찾아 기호를 쓰세요.

① 1층의 쌓기나무가 3개인 모양 찾기
② 3층인 쌓기나무 모양 찾기
③ 앞에서 보았을 때 보이지 않는 쌓기나무가 1개 있는 쌓기나무 모양 찾기

• 1층의 쌓기나무는 **3**개입니다.
• **3**층으로 쌓았습니다.
• 앞에서 보았을 때 보이지 않는 쌓기나무가 한 개 있습니다.

(   )

12 쌓기나무 **2**개를 더 쌓았을 때 오른쪽 모양과 같아질 수 있는 쌓기나무 모양을 찾아 기호를 쓰세요.

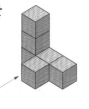

(   )

다음을 보고 물음에 답하세요. [1~2]

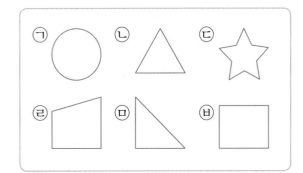

1 삼각형을 모두 찾아 기호를 쓰세요.

(   )

2 사각형을 모두 찾아 기호를 쓰세요.

(   )

3 ☐ 안에 알맞은 말을 써넣으세요.

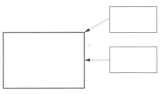

4 오른쪽 도형의 이름을 쓰세요.

(   )

5 다음 중 원은 모두 몇 개인가요?

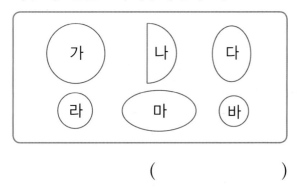

(   )

6 다음 그림에서 원은 모두 몇 개인가요?

(   )

7 점 종이 위에 서로 다른 삼각형 2개를 그려 보세요.

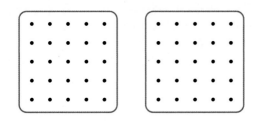

8 다음과 같은 종이를 점선을 따라 자르면 삼각형은 모두 몇 개 생기나요?

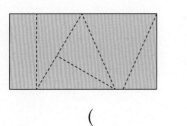

(   )

9 변과 꼭짓점이 가장 많은 도형을 찾아 기호를 쓰세요.

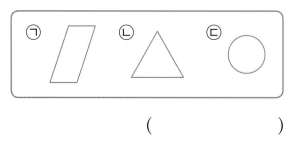

( )

10 그림과 같은 색종이에 네 점을 꼭짓점으로 하는 사각형을 만들려고 합니다. 이 사각형의 변을 따라 자르면 삼각형이 모두 몇 개 생기나요?

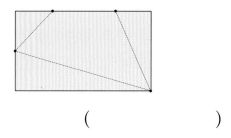

( )

11 다음과 같이 설명하는 도형의 이름을 쓰세요.

- 변이 **3**개 있습니다.
- 곧은 선과 곧은 선이 만나는 점이 **3**개 있습니다.

( )

12 다음 **2**개의 곧은 선을 변으로 하는 사각형을 그려 보세요.

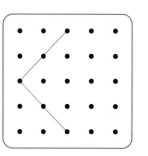

🐛 칠교판을 보고 물음에 답하세요. [13~14]

13 칠교판의  세 조각을 모두 이용하여 도형을 만들어 보세요.

14 칠교판의 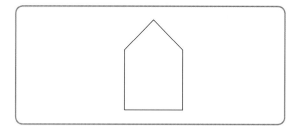 네 조각을 모두 이용하여 사각형 **1**개를 만들어 보세요.

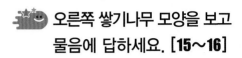

오른쪽 쌓기나무 모양을 보고 물음에 답하세요. [15~16]

오른쪽

15 똑같은 모양으로 쌓으려면 쌓기나무 몇 개가 필요한가요?

( )

16 오른쪽에서 보았을 때 보이지 않는 쌓기나무는 몇 개인가요?

( )

17 보기와 똑같은 모양으로 쌓은 것은 어느 것인가요?

( )

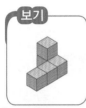
보기

 ①
 ②
 ③

 ④
 ⑤

18 쌓기나무로 쌓은 모양을 앞에서 본 그림입니다. 어떤 모양을 본 것인지 기호를 쓰세요.

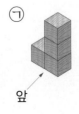 ㉠
앞

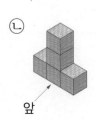 ㉡
앞

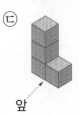 ㉢
앞

( )

19 ㉠과 ㉡에 알맞은 두 수의 합은 얼마인지 풀이 과정을 쓰고 답을 구하세요.

- 삼각형에서 변은 ㉠개입니다.
- 사각형에서 변과 꼭짓점의 개수의 합은 ㉡개입니다.

풀이 _____

_____

_____

_____

답 _____

20 그림과 같은 색종이를 선을 따라 자르면 어떤 도형이 몇 개 생기는지 풀이 과정을 쓰고 답을 구하세요.

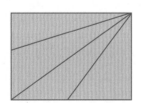

풀이 _____

_____

_____

답 _____

단원 3 덧셈과 뺄셈

이번에 배울 내용

1 덧셈을 하는 여러 가지 방법⑴

2 덧셈을 하는 여러 가지 방법⑵

3 덧셈을 하기

4 뺄셈을 하는 여러 가지 방법⑴

5 뺄셈을 하는 여러 가지 방법⑵

6 뺄셈을 하기

7 세 수의 계산

8 덧셈과 뺄셈의 관계를 식으로 나타내기

9 □가 사용된 식을 만들고 □의 값 구하기

1 덧셈을 하는 여러 가지 방법(1)

· 19+4의 계산

(방법 ❶) 이어 세기로 구하기

19+4=23

(방법 ❷) 더하는 수만큼 △를 그려 구하기

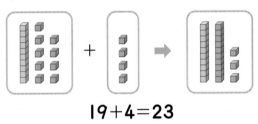

19+4=23

(방법 ❸) 수 모형으로 구하기

19+4=23

2 덧셈을 하는 여러 가지 방법(2)

· 19+15의 계산

(방법 ❶) 19+15=19+10+5
　　　　　=29+5=34

(방법 ❷) 19+15=19+1+14
　　　　　=20+14=34

(방법 ❸) 19+15=10+10+9+5
　　　　　=20+14=34

(방법 ❹)

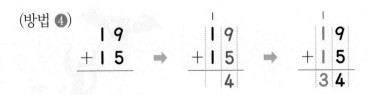

확인문제

❶ 28+5를 이어 세기로 구하세요.

28　29　30　□　□　□

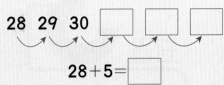

28+5=□

❷ 수 모형을 보고 □ 안에 알맞은 수를 써넣으세요.

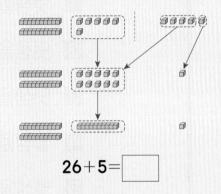

26+5=□

❸ 수 모형을 보고 □ 안에 알맞은 수를 써넣으세요.

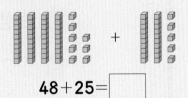

48+25=□

❹ □ 안에 알맞은 숫자를 써넣으세요.

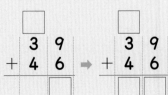

3 덧셈을 하기

- 십의 자리에서 받아올림이 있는
  (두 자리 수)+(두 자리 수)

$$
\begin{array}{r} 6\,2 \\ +\,5\,7 \\ \hline \end{array}
\;\Rightarrow\;
\begin{array}{r} 6\,2 \\ +\,5\,7 \\ \hline 9 \end{array}
\;\Rightarrow\;
\begin{array}{r} \,^{1}\, \\ 6\,2 \\ +\,5\,7 \\ \hline 1\,1\,9 \end{array}
$$

- 일의 자리, 십의 자리에서 받아올림이 있는
  (두 자리 수)+(두 자리 수)

$$
\begin{array}{r} 7\,8 \\ +\,5\,6 \\ \hline \end{array}
\;\Rightarrow\;
\begin{array}{r} \,^{1}\, \\ 7\,8 \\ +\,5\,6 \\ \hline 4 \end{array}
\;\Rightarrow\;
\begin{array}{r} \,^{1}\,^{1}\, \\ 7\,8 \\ +\,5\,6 \\ \hline 1\,3\,4 \end{array}
$$

4 뺄셈을 하는 여러 가지 방법(1)

- 23−5의 계산
  (방법 ❶) 거꾸로 세어 구하기

18 19 20 21 22 23

23−5=18

(방법 ❷) 수판의 그림을 지워 구하기

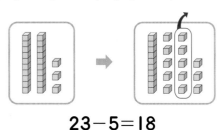

23−5=18

(방법 ❸) 수 모형으로 구하기

23−5=18

5 □ 안에 알맞은 수를 써넣으세요.

$$
\begin{array}{r} \square \\ 9\,4 \\ +\,5\,3 \\ \hline \square\,\square\,\square \end{array}
$$

6 □ 안에 알맞은 숫자를 써넣으세요.

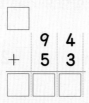

7 11−4를 거꾸로 세어 계산해 보세요.

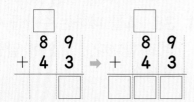

11−4=□

8 수판에 빼는 수 7만큼 /으로 지워 구하세요.

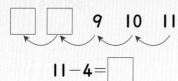

34−7=□

9 □ 안에 알맞은 숫자를 써넣으세요.

$$
\begin{array}{r} 2\,2 \\ -\,7 \\ \hline \end{array}
\;\Rightarrow\;
\begin{array}{r} \square\,\square \\ 2\,2 \\ -\,7 \\ \hline \square\,\square \end{array}
$$

유형 1 덧셈을 하는 여러 가지 방법 (1)

□ 안에 알맞은 수를 써넣으세요.

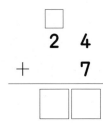

1-1 38+4를 더하는 수만큼 이어 세어 구하려고 합니다. □ 안에 알맞은 수를 써넣으세요.

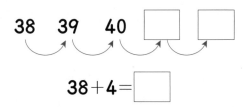

38+4=☐

1-2 17+8을 더하는 수만큼 수판에 △를 그려서 구하려고 합니다. □ 안에 알맞은 수를 써넣으세요.

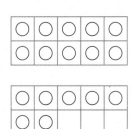

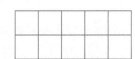

17+8=☐

1-3 수 모형을 보고 □ 안에 알맞은 수를 써넣으세요.

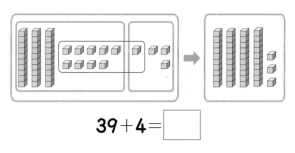

39+4=☐

1-4 덧셈을 하세요.

(1)   2 7   (2)   5 4
   + 9   + 6

(3) 49+2   (4) 84+8

1-5 두 수의 합을 빈칸에 써넣으세요.

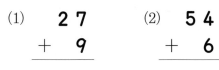

1-6 계산 결과를 찾아 선으로 이어 보세요.

37+7	·	·	45
36+9	·	·	42
39+3	·	·	44

유형 2 덧셈을 하는 여러 가지 방법 (2)

□ 안에 알맞은 수를 써넣으세요.

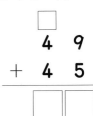

2-1 계산 과정을 보고 ①, ②에 알맞은 수를 각각 구하세요.

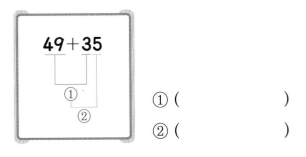

① (   )

② (   )

2-2 63+28을 다음과 같이 계산하려고 합니다. □ 안에 알맞은 수를 써넣으세요.

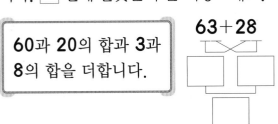

60과 20의 합과 3과 8의 합을 더합니다.

2-3 □ 안에 알맞은 수를 써넣으세요.

(1) $34+27 = 34 + \boxed{} + 7$

      $= \boxed{} + 7 = \boxed{}$

(2) $34+27 = 34 + \boxed{} + 21$

      $= \boxed{} + 21 = \boxed{}$

2-4 덧셈을 하세요.

(1)
$$\begin{array}{r} 5\ 6 \\ +\ 3\ 6 \\ \hline \end{array}$$

(2)
$$\begin{array}{r} 4\ 3 \\ +\ 3\ 8 \\ \hline \end{array}$$

(3) 18+69

(4) 16+37

2-5 빈 곳에 알맞은 수를 써넣으세요.

(1)
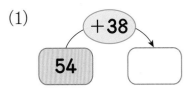

(2)
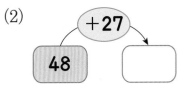

2-6 계산 결과를 찾아 선으로 이어 보세요.

27+15	·	·	37
19+18	·	·	42
36+16	·	·	52

2-7 동물원에 백조가 25마리, 오리가 46마리 있습니다. 백조와 오리는 모두 몇 마리인가요?

(   )

유형 3 덧셈을 하기

□ 안에 알맞은 수를 써넣으세요.

$$
\begin{array}{r}
\square \\
6\ 2 \\
+\ 5\ 4 \\
\hline
\square\square\square
\end{array}
$$

3-1 □ 안에 알맞은 수를 써넣으세요.

$$
\begin{array}{r}
\square \\
8\ 6 \\
+\ 4\ 8 \\
\hline
\square\square\square
\end{array}
$$

3-2 덧셈을 하세요.

(1)
$$
\begin{array}{r}
5\ 2 \\
+\ 9\ 6 \\
\hline
\end{array}
$$

(2)
$$
\begin{array}{r}
8\ 7 \\
+\ 6\ 5 \\
\hline
\end{array}
$$

(3) $95+76$

(4) $83+89$

3-3 받아올림을 2번 해야 하는 것에 ○표 하세요.

$$
\begin{array}{r}
5\ 9 \\
+\ 1\ 6 \\
\hline
\end{array}
\qquad
\begin{array}{r}
8\ 5 \\
+\ 4\ 8 \\
\hline
\end{array}
\qquad
\begin{array}{r}
4\ 3 \\
+\ 9\ 2 \\
\hline
\end{array}
$$

(　　) (　　) (　　)

3-4 빈 곳에 알맞은 수를 써넣으세요.

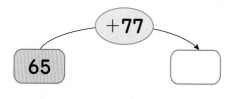

3-5 빈 곳에 두 수의 합을 써넣으세요.

(1)

67	48

(2)

45	79

3-6 계산 결과를 찾아 선으로 이어 보세요.

52+69 ·　　　　· 106

89+33 ·　　　　· 122

28+78 ·　　　　· 121

유형 4 뺄셈을 하는 여러 가지 방법(1)

□ 안에 알맞은 수를 써넣으세요.

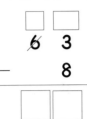

4-1 그림을 보고 □ 안에 알맞은 수를 써넣으세요.

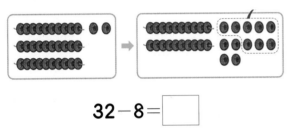

$$32-8=\boxed{}$$

4-2 17−8을 빼는 수만큼 /로 지워서 계산해 보세요.

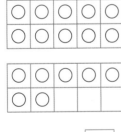

$$17-8=\boxed{}$$

4-3 계산을 하세요.

(1)　 3 2
　　− 　5
　　─────

(2)　 6 4
　　− 　6
　　─────

4-4 두 수의 차를 빈 곳에 써넣으세요.

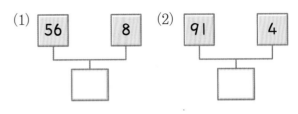

4-5 빈 곳에 알맞은 수를 써넣으세요.

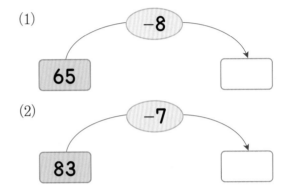

4-6 빈 곳에 알맞은 수를 써넣으세요.

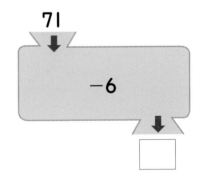

4-7 계산 결과를 찾아 선으로 이어 보세요.

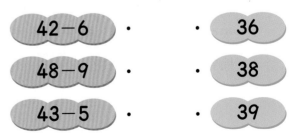

5 뺄셈을 하는 여러 가지 방법(2)

· **30 − 18**의 계산

(방법 **①**) 30 − 18

        10   8
    20
      12

18을 10과 8로 가르기하여 순서대로 뺍니다.

(방법 **②**)   30 − 18

        30 + 2   18 + 2
         32   20
              12

빼어지는 수와 빼는 수에 같은 수를 더하여 (몇십 몇)−(몇십)으로 나타내어 구합니다.

(방법 **③**)   30 − 18

        20 10 10 8
        10   2
             12

30을 20과 10으로, 18을 10과 8로 가르기하여 계산합니다.

(방법 **④**)

      2 10   2 10
      3 0   3 0
    − 1 8   ➡   − 1 8
        2   1 2

십의 자리에서 10을 받아내림하여 계산합니다.

6 뺄셈을 하기

· **43 − 25**의 계산

      4 3   3 10   3 10
                    4 3   4 3
    − 2 5   ➡   − 2 5   ➡   − 2 5
                      8   1 8

일의 자리 숫자끼리 뺄 수 없으면 십의 자리에서 받아내림하여 계산합니다.

확인문제

⑩ 80−27을 여러 가지 방법으로 계산하려고 합니다. □ 안에 알맞은 수를 써넣으세요.

(1) 80 − 27

= 80 − □ − 7

= □ − 7

= □

(2) 80 − 27

= (80 + □) − (27 + 3)

= □ − 30

= □

⑪ 수 모형을 보고 □ 안에 알맞은 수를 써넣으세요.

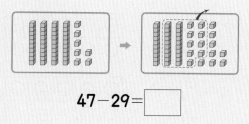

47 − 29 = □

⑫ □ 안에 알맞은 수를 써넣으세요.

      □ □   □ □
      6 2   6 2
    − 2 8   ➡   − 2 8
                       □ □

7 세 수의 계산

· 32−13+18의 계산

32−13+18=37
①19
②37

$$\begin{array}{r}32\\-13\\\hline19\end{array}$$ ① $$\begin{array}{r}19\\+18\\\hline37\end{array}$$

8 덧셈과 뺄셈의 관계를 식으로 나타내기

(1) 덧셈식을 뺄셈식으로 나타내기

25+37=62 ➡ [62−37=25
62−25=37]

(2) 뺄셈식을 덧셈식으로 나타내기

55−17=38 ➡ [17+38=55
38+17=55]

9 □가 사용된 식 만들고 □의 값 구하기

(1) 덧셈식에서 □의 값 구하기

운동장에 참새 6마리가 있었습니다. 잠시 후 참새 몇 마리가 더 날아와 모두 15마리가 되었습니다. 더 날아온 참새는 몇 마리인가요?

① □를 사용한 덧셈식으로 나타내기 ➡ 6+□=15

② □의 값 구하기
➡ 6+□=15, 15−6=□, □=9

(2) 뺄셈식에서 □의 값 구하기

왼쪽 그림에서 컵 몇 개를 빼내었더니 오른쪽 그림이 되었습니다. 빼낸 컵의 개수는 몇 개인가요?

① □를 사용한 뺄셈식으로 나타내기 ➡ 15−□=3

② □의 값 구하기
➡ 15−□=3, 15−3=□, □=12

확인문제

⑬ 바르게 계산한 것에 ○표, 잘못 계산한 것에 ×표 하세요.

(1) 28+15+48=91 (   )
①63 ②91

(2) 75−47−18=46 (   )
①29 ②46

3 단원

⑭ 덧셈식을 뺄셈식으로 나타내세요.

64+29=93

□−29=□
□−64=□

⑮ 뺄셈식을 덧셈식으로 나타내세요.

83−47=36

47+□=□
□+47=□

⑯ □ 안에 알맞은 수를 써넣으세요.

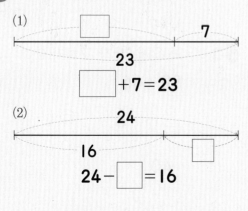

(1) □ 7 23
□+7=23

(2) 24 16 □
24−□=16

유형 5 뺄셈을 하는 여러 가지 방법 (2)

□ 안에 알맞은 수를 써넣으세요.

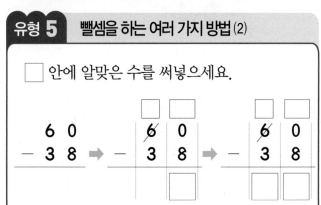

5-1 70−49를 여러 가지 방법으로 계산하려고 합니다. □ 안에 알맞은 수를 써넣으세요.

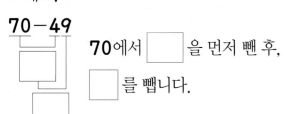

70에서 □ 을 먼저 뺀 후, □ 를 뺍니다.

5-2 50−18을 다음과 같이 계산하려고 합니다. □ 안에 알맞은 수를 써넣으세요.

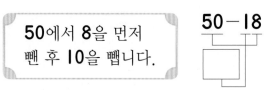

50에서 8을 먼저 뺀 후 10을 뺍니다.

50−18

5-3 ㉠과 ㉡을 각각 구하세요.

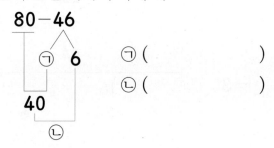

㉠ (   )
㉡ (   )

5-4 □ 안에 알맞은 수를 써넣으세요.

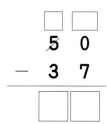

5-5 뺄셈을 하세요.

(1) 60−12   (2) 90−14

5-6 빈칸에 알맞은 수를 써넣으세요.

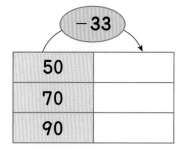

−33	
50	
70	
90	

5-7 ㉠과 ㉡이 나타내는 두 수의 차를 구하세요.

㉠ 10이 8개인 수
㉡ 10이 3개, 1이 7인 수

(   )

유형 6 뺄셈을 하기

□ 안에 알맞은 수를 써넣으세요.

$$
\begin{array}{r}
\square\ \square \\
7\ 1 \\
-\ 4\ 2 \\
\hline
\square\ \square
\end{array}
$$

6-1 뺄셈을 하세요.

(1) $65-29$ (2) $81-53$

6-2 □ 안에 알맞은 수를 써넣으세요.

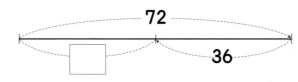

6-3 계산 결과를 찾아 선으로 이어 보세요.

53−37	·	·	27
45−18	·	·	35
61−26	·	·	16

6-4 운동장에 **41**명의 어린이가 있었습니다. 잠시 뒤에 **13**명의 어린이가 교실로 들어 갔습니다. 운동장에 남아 있는 어린이는 몇 명인가요?

(   )

유형 7 세 수의 계산

□ 안에 알맞은 수를 써넣으세요.

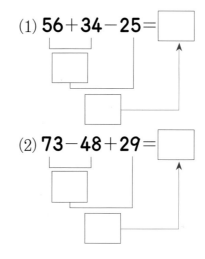

$$43-19+38=\square$$

7-1 □ 안에 알맞은 수를 써넣으세요.

(1) $56+34-25=\square$

(2) $73-48+29=\square$

7-2 계산을 하세요.

(1) $28+34-17$

(2) $81-27+39$

7-3 영수는 구슬을 **35**개 가지고 있었습니다. 그중에서 **16**개를 동생에게 주고, 형에게 서 **22**개를 받았습니다. 영수가 가지고 있는 구슬은 몇 개인가요?

(   )

7-4 ☐ 안에 알맞은 수를 써넣으세요.

(1) $27+37-28=$ ☐

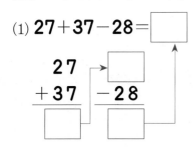

```
  2 7  →  ☐
+ 3 7    − 2 8
  ☐       ☐
```

(2) $52-15+36=$ ☐

```
  5 2  →  ☐
− 1 5    + 3 6
  ☐       ☐
```

(3) $73-49-17=$ ☐

```
  7 3  →  ☐
− 4 9    − 1 7
  ☐       ☐
```

7-5 주차장에 자동차가 **49**대 있었습니다. 자동차 **12**대가 더 들어오고, **18**대가 빠져나갔습니다. 주차장에 남아 있는 자동차는 몇 대인가요?

(   )

7-6 과일 가게에 배가 **64**개 있었습니다. 그중에서 오전에 **15**개를 팔고 오후에 **24**개를 팔았습니다. 지금 과일 가게에 있는 배는 몇 개인가요?

(   )

유형 8   덧셈과 뺄셈의 관계를 식으로 나타내기

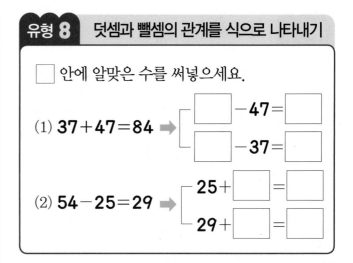

☐ 안에 알맞은 수를 써넣으세요.

(1) $37+47=84$ ➡
$$☐ -47=☐$$
$$☐ -37=☐$$

(2) $54-25=29$ ➡
$$25+☐=☐$$
$$29+☐=☐$$

8-1 덧셈식을 뺄셈식으로 나타내세요.

$$49+39=88$$

$$☐ -49=☐$$
$$☐ -39=☐$$

8-2 뺄셈식을 덧셈식으로 나타내세요.

$$72-25=47$$

$$47+☐=☐$$
$$☐ +47=☐$$

8-3 그림을 이용하여 덧셈식을 뺄셈식으로 나타내어 보세요.

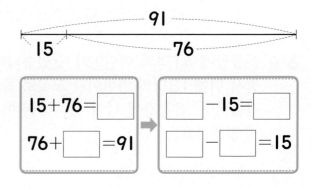

```
        91
  15       76
```

| $15+76=$ ☐ | ➡ | ☐ $-15=$ ☐ |
| $76+$ ☐ $=91$ | | ☐ $-$ ☐ $=15$ |

유형 9 □를 사용한 식 만들고 □의 값 구하기

□ 안에 알맞은 수를 써넣으세요.

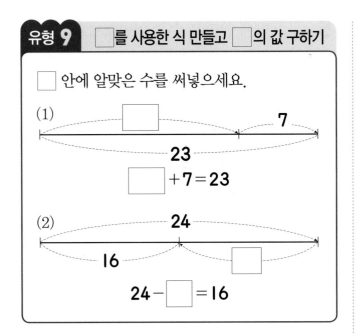

(1)
$$\square + 7 = 23$$

(2)
$$24 - \square = 16$$

9-1 덧셈식을 쓰고, □의 값을 구하세요.

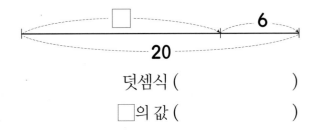

덧셈식 (   )

□의 값 (   )

9-2 뺄셈식을 쓰고, □의 값을 구하세요.

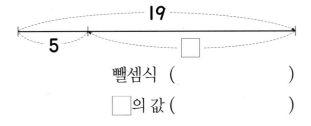

뺄셈식 (   )

□의 값 (   )

9-3 어떤 수에 **8**을 더했더니 **32**가 되었습니다. 어떤 수는 얼마인지 □를 사용하여 알맞은 식을 쓰고, 답을 구하세요.

식 _____

답 _____

9-4 그림을 보고 □ 안에 알맞은 수를 써넣으세요.

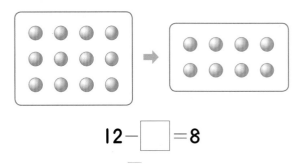

$$12 - \square = 8$$

3 단원

9-5 빈 곳에 알맞은 수만큼 ○를 그리고, □ 안에 알맞은 수를 써넣으세요.

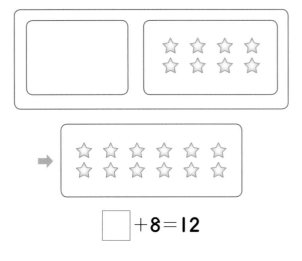

$$\square + 8 = 12$$

9-6 구슬이 **27**개 있었습니다. 그중에서 수현이가 구슬 몇 개를 잃어버렸더니 **19**개가 남았습니다. 물음에 답하세요.

(1) 수현이가 잃어버린 구슬 수를 □로 하여 뺄셈식으로 나타내세요.

(   )

(2) 수현이가 잃어버린 구슬은 몇 개인가요?

(   )

1 □ 안에 알맞은 수를 써넣으세요.

$$
\begin{array}{r}
2\ 6 \\
+\ \ \ 5 \\
\hline
\end{array}
\Rightarrow
\begin{array}{r}
\square \\
2\ 6 \\
+\ \ \ 5 \\
\hline
\ \ \ 1 \\
\end{array}
\Rightarrow
\begin{array}{r}
\square \\
2\ 6 \\
+\ \ \ 5 \\
\hline
\square\ 1 \\
\end{array}
$$

2 계산을 하세요.

(1)
$$
\begin{array}{r}
5\ 4 \\
+\ \ \ 8 \\
\hline
\end{array}
$$

(2)
$$
\begin{array}{r}
6\ 7 \\
+\ \ \ 9 \\
\hline
\end{array}
$$

3 오른쪽 계산에서 □ 안의 숫자 1이 실제로 나타내는 수는 얼마인가요?

$$
\begin{array}{r}
\overset{\boxed{1}}{}\ \ \ \ \\
5\ 5 \\
+\ \ \ 6 \\
\hline
6\ 1 \\
\end{array}
$$

(   )

4 빈칸에 두 수의 합을 써넣으세요.

(1)

48	7

(2)

37	5

5 □ 안에 알맞은 수를 써넣으세요.

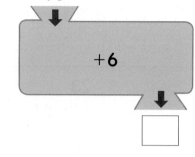

75

+6

□

6 □ 안에 알맞은 수를 써넣으세요.

$$
\begin{array}{r}
4\ 8 \\
+\ 2\ 5 \\
\hline
\end{array}
\Rightarrow
\begin{array}{r}
\square \\
4\ 8 \\
+\ 2\ 5 \\
\hline
\ \ \ \square \\
\end{array}
\Rightarrow
\begin{array}{r}
\square \\
4\ 8 \\
+\ 2\ 5 \\
\hline
\square\ \square \\
\end{array}
$$

7 보기 와 같은 방법으로 계산하세요.

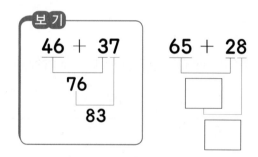

보 기
$$46 + 37$$
76
83

$$65 + 28$$
□
□

8 □ 안에 알맞은 수를 써넣으세요.

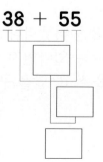

$$38 + 55$$
□
□
□

9 계산을 하세요.

(1)
```
    1 8
+   3 7
```

(2)
```
    4 4
+   2 8
```

10 빈칸에 두 수의 합을 써넣으세요.

(1)

63	28

(2)

57	36

11 빈칸에 알맞은 수를 써넣으세요.

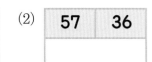

+29	
43	
58	
65	

12 다음이 나타내는 수를 구하세요.

68보다 48만큼 더 큰 수

( )

13 □ 안에 알맞은 수를 써넣으세요.

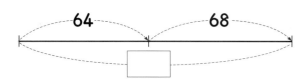

14 빈칸에 알맞은 수를 써넣으세요.

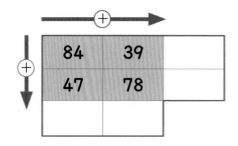

84	39	
47	78	

15 계산 결과를 보고 틀린 것을 찾아 기호를 쓰세요.

⊙ 56 + 46 = 102
ⓒ 73 + 64 = 137
ⓒ 65 + 48 = 103

( )

16 꽃 가게에서 장미를 오전에 96송이 팔고, 오후에 74송이 팔았습니다. 이 가게에서 하루 동안 판 장미는 모두 몇 송이인가요?

( )

3 단원

17 □ 안에 알맞은 수를 써넣으세요.

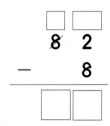

18 계산을 하세요.

(1)
$$\begin{array}{r} 4\ 3 \\ -\quad 6 \\ \hline \end{array}$$

(2)
$$\begin{array}{r} 5\ 0 \\ -\quad 4 \\ \hline \end{array}$$

19 두 수의 차를 계산하여 빈 곳에 알맞게 써넣으세요.

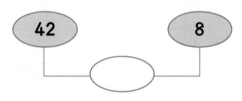

20 계산 결과를 찾아 선으로 이어 보세요.

21 보기와 같이 수를 다르게 나타내 계산 해 보세요.

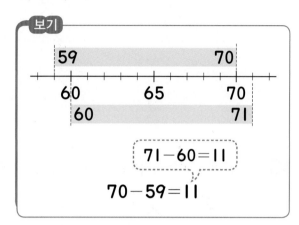

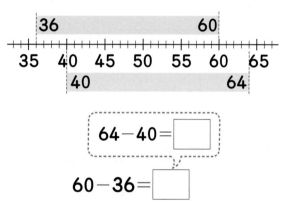

22 계산을 하세요.

(1)
$$\begin{array}{r} 4\ 0 \\ -\ 2\ 8 \\ \hline \end{array}$$

(2)
$$\begin{array}{r} 7\ 0 \\ -\ 2\ 5 \\ \hline \end{array}$$

23 두 수의 차를 구하세요.

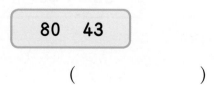

(　　　　)

24 지혜가 설명하는 수는 얼마인가요?

70보다 27만큼 더 작은 수야.

지혜

(   )

25 계산 결과를 찾아 선으로 이어 보세요.

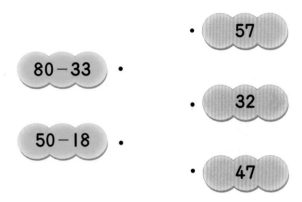

- 57
- 80 − 33
- 32
- 50 − 18
- 47

26 계산이 잘못된 것을 찾아 바르게 고치고, 그 이유를 설명하세요.

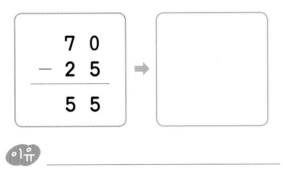

$$\begin{array}{r} 7\ 0 \\ -\ 2\ 5 \\ \hline 5\ 5 \end{array}$$

이유 _____

_____

_____

27 보기와 같은 방법으로 계산하세요.

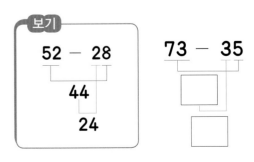

보기

52 − 28

44

24

73 − 35

28 ☐ 안에 알맞은 수를 써넣으세요.

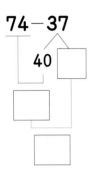

74 − 37

40 ☐

☐

☐

29 계산을 하세요.

(1) 62 − 39

(2) 87 − 28

30 ㉠과 ㉡의 차를 구하세요.

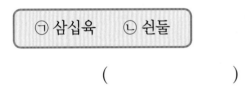

㉠ 삼십육   ㉡ 쉰둘

(   )

31 빈 곳에 알맞은 수를 써넣으세요.

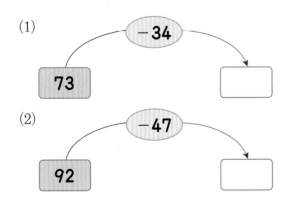

(1)

73 → −34 →

(2)

92 → −47 →

32 빈칸에 알맞은 수를 써넣으세요.

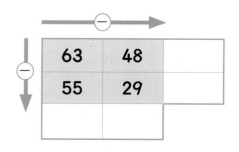

33 □ 안에 알맞은 수를 써넣으세요.

(1) $45+36-22=\boxed{}$

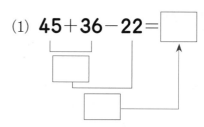

(2) $80-48+8=\boxed{}$

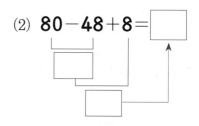

34 계산을 하세요.

(1) $19+56+37$

(2) $92-18-24$

(3) $25+17-23$

(4) $81-57+14$

35 빈 곳에 알맞은 수를 써넣으세요.

(1)

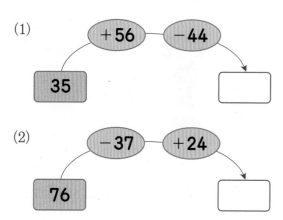

(2)

36 사과 **42**개가 있었습니다. 어제 가족들이 **25**개를 먹었고, 오늘 **16**개를 더 사왔습니다. 사과는 모두 몇 개 있는지 □ 안에 알맞은 수를 써넣으세요.

어제 먹고 남은 사과는

$42-25=\boxed{}$ (개)이고,

오늘 16개를 더 사왔으므로 사과는 모두

$\boxed{}+16=\boxed{}$ (개) 있습니다.

37 덧셈식을 보고 뺄셈식으로 바르게 나타낸 것을 모두 고르세요. (   )

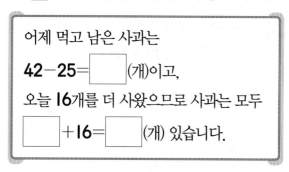

$55+38=93$

① $93-38=55$ ② $55-17=38$

③ $93-55=38$ ④ $93-38=45$

⑤ $55-38=17$

38 뺄셈식을 보고 덧셈식을 **2**개 만들어 보세요.

$$72-55=17$$

(   )

□ 안에 알맞은 수를 써넣으세요. [39~41]

39 $25+\boxed{}=82$

➡ $82-\boxed{}=57$

40 $90-\boxed{}=35$

➡ $\boxed{}+55=90$

41 $\boxed{}+58=86$

➡ $\boxed{}-58=28$

42 빈 곳에 알맞은 수만큼 ○를 그리고 □ 안에 알맞은 수를 써넣으세요.

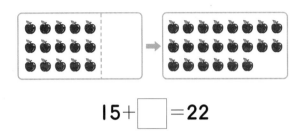

$$15+\boxed{}=22$$

43 그림을 보고 □ 안에 알맞은 수를 써넣으세요.

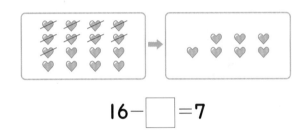

$$16-\boxed{}=7$$

44 42에서 어떤 수를 빼면 **14**입니다. 어떤 수는 얼마인지 □를 사용하여 알맞은 식을 쓰고, 답을 구하세요.

식 _____

답 _____

45 어제 시장에서 귤 **15**개를 사 왔고, 오늘 몇 개를 더 사 왔더니 모두 **32**개가 되었습니다. 오늘 사 온 귤은 몇 개인지 □를 사용한 식을 쓰고, 답을 구하세요.

식 _____

답 _____

1 유승이는 훌라후프 돌리기를 하였습니다. 처음에는 **33**번 돌리고 다음에는 **8**번 돌렸습니다. 유승이는 훌라후프를 모두 몇 번 돌렸는지 구하세요.

유승이가 돌린 훌라후프의 횟수를 더해 줍니다.

(   )

2 계산 결과가 큰 것부터 순서대로 기호를 쓰세요.

㉠	82	㉡	78	㉢	71	㉣	63
	$-\ 8$		$+\ 9$		$-\ 6$		$+\ 9$

(   )

3 예슬이네 학교 **2**학년 학생 수를 나타낸 것입니다. 예슬이네 학교 **2**학년 학생은 모두 몇 명인가요?

남학생 수와 여학생 수를 더합니다.

남학생	여학생
89명	96명

(   )

4 계산 결과를 비교하여 ○ 안에 >, <를 알맞게 써넣으세요.

$$36+26 \bigcirc 81-18$$

5 옳은 식이 되도록 숫자 카드 1장을 /로 지워 보세요.

(1)

| 2 | 6 | + | 3 | 9 | = | 4 | 5 |

(2)

| 8 | 2 | − | 4 | 3 | = | 7 | 8 |

6 □ 안에 알맞은 수를 써넣으세요.

(1) **67+49**

$$=67+\boxed{}+46$$
$$=\boxed{}+46$$
$$=\boxed{}$$

(2) **85−37**

$$=85-\boxed{}-32$$
$$=\boxed{}-32$$
$$=\boxed{}$$

수현이네 학교에서는 한 달에 한 번씩 봉사 활동을 합니다. 지난 **3**월 봉사 활동에 참여한 학생 수는 다음 표와 같습니다. 물음에 답하세요.

[7~8]

1학년	2학년	3학년	4학년	5학년	6학년
76명	78명	69명	82명	79명	86명

7 4학년과 5학년 학생들은 모두 몇 명 참여하였는지 구하세요.

(   )

8 1학년에서 6학년까지 가장 많이 참여한 학년과 가장 적게 참여한 학년의 학생 수의 차는 몇 명인지 구하세요.

(   )

받아올림과 받아내림에 주의하여 계산한 후에 계산 결과의 크기를 비교합니다.

9 계산 결과가 가장 작은 것부터 차례대로 기호를 쓰세요.

> ㉠ 37＋39 ㉡ 63＋48
> ㉢ 96－17 ㉣ 123－64

( )

10 카드 19 , 67 , 86 , ＋ , － , ＝ 을 사용하여 덧셈식과 뺄셈식을 2개씩 만들어 보세요.

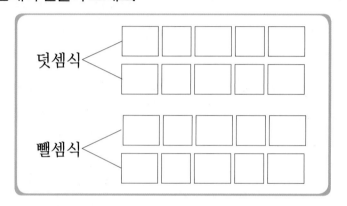

덧셈식

뺄셈식

11 도형 안에 있는 세 수를 이용하여 뺄셈식을 덧셈식으로 나타내는 과정입니다. ☐ 안에 알맞은 수를 써넣으세요.

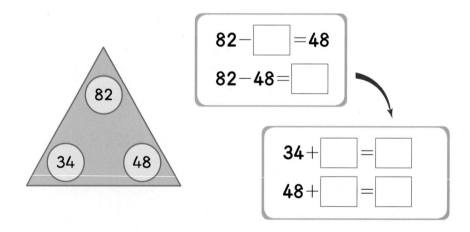

82－☐＝48

82－48＝☐

34＋☐＝☐

48＋☐＝☐

82

34 48

처음에 있던 비둘기 35마리에서 몇 마리가 더 날아왔으므로 덧셈식으로 나타냅니다.

12 학교 운동장에 비둘기 35마리가 있었습니다. 잠시 후 비둘기 몇 마리가 더 날아와 모두 43마리가 되었습니다. 더 날아온 비둘기는 몇 마리인가요?

( )

3
단원

처음 가지고 있던 구슬 중 몇 개를 동생에게 주었으므로 뺄셈식으로 나타냅니다.

13 상연이는 가지고 있던 구슬 중에서 **9**개를 동생에게 주었더니 **19**개가 남았습니다. 처음 상연이가 가지고 있던 구슬은 몇 개인가요?

(   )

주차장에서 빠져나간 자동차의 수는 빼고, 들어온 자동차의 수는 더합니다.

14 주차장에 자동차가 **54**대 있었습니다. 자동차가 **28**대 빠져나가고, **15**대가 더 들어왔습니다. 지금 주차장에 있는 자동차는 몇 대인가요?

(   )

15 ☐ 안에 알맞은 수를 써넣으세요.

16 계산 결과를 비교하여 ○ 안에 >, <를 알맞게 써넣으세요.

(1) $15+17+19$ ○ $82-18-26$

(2) $45+38-24$ ○ $71-35+26$

01

과녁 맞히기에서 화살 두 개를 쏘았을 때 화살이 꽂힌 부분의 수의 합이 가운데 있는 수가 되도록 하려고 합니다. 두 화살이 꽂혀야 하는 두 수에 ○표 하세요.

(1) 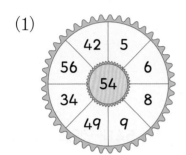　　(2)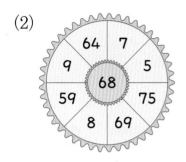

02

어떤 수에서 **27**을 뺄 것을 잘못하여 더했더니 **72**가 되었습니다. 바르게 계산하면 얼마인가요?

(　　　　　　　)

03

5와 더해서 **12**가 되는 수를 먼저 구합니다.

다음과 같이 일의 자리 숫자가 **5**인 두 자리 수와 십의 자리 숫자가 **3**인 두 자리 수가 있습니다. 이 두 수의 합이 **82**일 때 두 수를 각각 구하세요.

☐5　　　　3☐

(　　　　　　　)

04

차가 **49**가 되는 두 수는 여러 가지가 있습니다.

계산기로 5, 1, −, 2, =을 차례대로 누르면 **49**가 표시됩니다. 계산 결과가 **49**가 되는 다른 방법 **2**가지를 더 찾아 □ 안에 알맞은 숫자를 써넣으세요.

3
단원

05

♠에 **16**을 넣은 후 ▲, ■, ●의 순서로 구합니다.

♠이 **16**일 때, ●은 얼마인지 구하세요. (단, 같은 모양은 같은 수입니다.)

$$♠ + ♠ = ▲$$
$$▲ + ▲ − ♠ = ■$$
$$■ + ▲ = ●$$

(   )

06

한별이와 동민이가 주운 밤의 수에서 예슬이가 주운 밤의 수를 뺍니다.

예슬이와 친구들이 주운 밤의 수를 나타낸 것입니다. 예슬이는 두 남학생이 주운 밤의 수의 합보다 몇 개 더 적게 주웠는지 구하세요.

남학생		여학생	
한별	동민	예슬	지혜
38	47	56	28

(   )

07

십의 자리 숫자가 **7**인 가장 큰
수와 일의 자리 숫자가 **4**인 가장
작은 수를 먼저 각각 구합니다.

5장의 숫자 카드 **2** , **4** , **7** , **3** , **8** 중 두 장을 골라 만든 두 자리 수
중에서 십의 자리 숫자가 **7**인 가장 큰 수와 일의 자리 숫자가 **4**인 가장 작은
수의 합을 구하세요.

(   )

08

십의 자리 숫자가 **3**인 두 자리 수 중에서 □ 안에 들어갈 수 있는 수를 모두
구하세요.

$$80 - \square < 44$$

(   )

09

두 수의 합이 **62**이고, 차는 **24**입니다. 두 수 중에서 더 큰 수를 구하세요.

(   )

10

일의 자리의 숫자의 합이 10 또는 20이 되는 경우를 먼저 알아 봅니다.

5장의 숫자 카드 중에서 3장을 뽑아 한 번씩만 사용하여 식을 완성하세요.

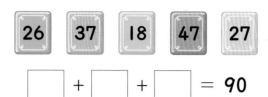

$$\boxed{} + \boxed{} + \boxed{} = 90$$

3
단원

11

□ 안에 6, 7, 8, 9를 한 번씩 넣어서 계산 결과가 가장 큰 덧셈식을 만들고 계산해 보세요.

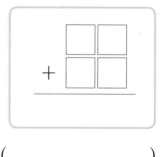

(   )

12

□ 안에 1, 5, 7, 9를 한 번씩 넣어서 계산 결과가 가장 작은 뺄셈식을 만들고 계산해 보세요.

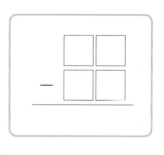

(   )

1 두 수의 합을 빈 곳에 써넣으세요.

(1)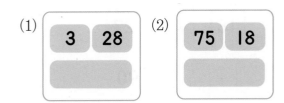

3	28

(2)

75	18

2 큰 수에서 작은 수를 빼어 빈 곳에 써넣으세요.

(1)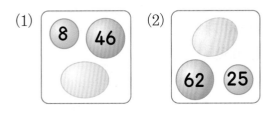

8   46

(2)

62   25

3 계산 결과를 비교하여 ○ 안에 >, <를 알맞게 써넣으세요.

$91-16$ ○ $38+34$

4 계산 결과를 찾아 선으로 이어 보세요.

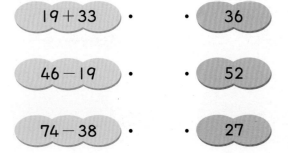

19+33	•	•	36
46-19	•	•	52
74-38	•	•	27

5 주어진 방법으로 계산하려고 합니다. □ 안에 알맞은 수를 써넣으세요.

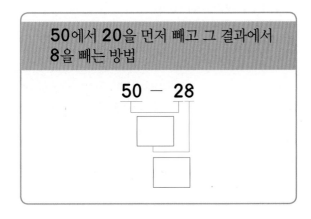

50에서 20을 먼저 빼고 그 결과에서 8을 빼는 방법

$50 - 28$

6 왼쪽 계산을 바르게 고치고, 잘못된 이유를 쓰세요.

$$\begin{array}{r} 6\ 7 \\ +\ 2\ 7 \\ \hline 8\ 4 \end{array} \Rightarrow$$

이유 _____

7 빈칸에 두 수의 차를 써넣으세요.

37	53

8 □ 안에 알맞은 수를 써넣으세요.

(1) $46+27$

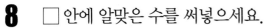

(2) $46+27$

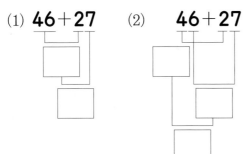

9 □ 안에 알맞은 수를 써넣으세요.

(1) $57+36=57+\boxed{}+33$

$=\boxed{}+33$

$=\boxed{}$

(2) $80-37=80-\boxed{}-7$

$=\boxed{}-7$

$=\boxed{}$

10 계산을 하세요.

(1) $56+25+49$

(2) $87-29-39$

(3) $38+16-27$

(4) $64-29+77$

11 빈 곳에 알맞은 수를 써넣으세요.

(1)

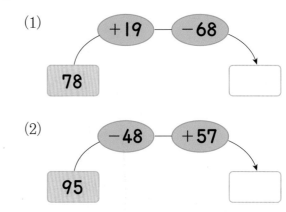

(2)

12 덧셈식을 뺄셈식으로 나타내 보세요.

$$36+28=64$$

$\boxed{}-28=\boxed{}$

$\boxed{}-36=\boxed{}$

13 □ 안에 알맞은 수를 써넣으세요.

(1) $\boxed{}+54=91$

(2) $49+\boxed{}=75$

14 계산 결과의 크기를 비교하여 ○ 안에 >, =, <를 알맞게 써넣으세요.

$$72-19 \bigcirc 85-28$$

15 희우는 자두 **25**개 중에서 **8**개를 먹었습니다. 남은 자두는 몇 개인가요?

( )

16 옳은 식이 되도록 카드 **1**장을 ×로 지워 보세요.

| 5 | 3 | + | 3 | 9 | = | 6 | 2 |

17 네 장의 숫자 카드 7, 3, 5, 6 중에서 두 장을 뽑아 만들 수 있는 두 자리 수 중 둘째로 큰 수와 **8**의 차를 구하세요.

( )

18 □ 안에 들어갈 수 있는 수 중에서 가장 작은 수를 구하세요.

$$\square + 39 > 74$$

( )

19 성수가 지금까지 모은 딱지의 장수입니다. 빨간색 딱지와 파란색 딱지를 모으면 노란색 딱지보다 몇 장 더 많은지 풀이 과정을 쓰고 답을 구하세요.

딱지	빨간색	노란색	파란색
장수(장)	63	54	29

풀이 _____

_____

_____

답 _____

20 유승이는 어제 책을 **28**쪽 읽었습니다. 매일 전날보다 **9**쪽씩 더 읽는다면, 어제부터 내일까지 **3**일 동안 모두 몇 쪽을 읽게 되는지 풀이 과정을 쓰고 답을 구하세요.

풀이 _____

_____

_____

_____

_____

_____

답 _____

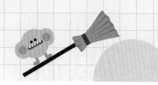

단원 **4** 길이 재기

이번에 배울 내용

1 여러 가지 단위로 길이 재기

2 I cm 알아보기, 자로 길이 재기

3 길이 어림하기

1 여러 가지 단위로 길이 재기

(1) 여러 가지 단위길이 알아보기

- 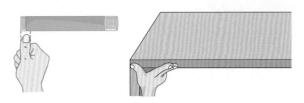이나 와 같이 어떤 길이를 재는 데 기준이 되는 길이를 단위길이라고 합니다.
- 딱풀의 길이를 엄지손가락의 너비로 재어 보면 **10**번입니다.
- 책상의 긴 쪽의 길이를 뼘으로 재어 보면 **5**번입니다.

- 단위길이에는 다음과 같이 여러 가지가 있습니다.

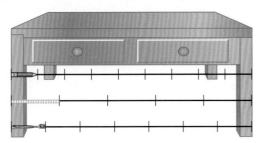

(2) 서로 다른 단위길이로 길이재기

- 연필, 빨대, 칫솔을 단위길이로 하여 책상의 긴 쪽의 길이를 재어 보면 다음과 같습니다.

① 책상의 긴 쪽의 길이는 연필로 **9**번입니다.
② 책상의 긴 쪽의 길이는 빨대로 **5**번입니다.
③ 책상의 긴 쪽의 길이는 칫솔로 **7**번입니다.

- 한 개의 물건의 길이를 여러 가지 단위길이로 재어 나타낼 수 있습니다.
- 단위길이가 길수록 재어 나타낸 수가 작고 단위길이가 짧을수록 재어 나타낸 수가 큽니다.
- 같은 길이를 재더라도 기준이 되는 단위길이가 다르면 재어 나타낸 수가 다릅니다.

확인문제

1 □ 안에 알맞은 말을 써넣으세요.

> 어떤 길이를 재는 데 기준이 되는 길이를 □□□□라고 합니다.

2 칠판의 긴 쪽의 길이는 한 뼘을 단위길이로 하여 몇 번 재었나요?

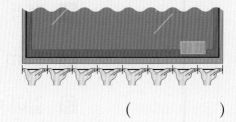

( )

3 색 테이프의 길이를 단위길이 ㉮, ㉯, ㉰로 재어 보았습니다. 물음에 답하세요.

㉮
㉯
㉰

(1) 단위길이 ㉮, ㉯, ㉰ 중에서 가장 긴 것은 어느 것인가요? ( )

(2) 단위길이 ㉮, ㉯, ㉰ 중에서 가장 짧은 것은 어느 것인가요? ( )

(3) 색 테이프의 길이는 단위길이 ㉮, ㉯, ㉰로 몇 번 잰 길이와 같은가요?

㉮ ➡ □ 번, ㉯ ➡ □ 번,
㉰ ➡ □ 번

(4) 어느 단위길이로 재어 나타낸 수가 가장 큰가요? ( )

2 **|** cm 알아보기, 자로 길이 재기

(1) **|** cm 알아보기

의 길이를 **1 cm** 라 쓰고 **|** 센티미터라고 읽습니다.

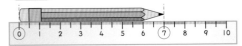

(2) 자를 사용하여 길이 재기

방법 1

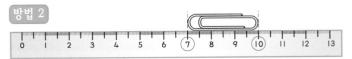

① 연필의 한쪽 끝을 자의 눈금 **0**에 맞춥니다.

② 연필의 다른 쪽 끝에 있는 자의 눈금을 읽습니다.

➡ 이 연필의 길이는 **7** cm입니다.

방법 2

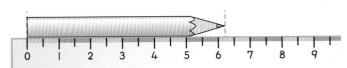

① 클립의 한 끝을 자의 한 눈금에 맞춥니다.

② 그 눈금에서 **|** cm가 몇 번 들어가는지 세어 봅니다.

➡ 이 클립의 길이는 **3** cm입니다.

3 길이 어림하기

(1) 자로 길이를 재어 약 몇 cm로 나타내기

길이가 자의 눈금 사이에 있을 때는 눈금과 가까운 쪽에 있는 숫자를 읽으며, 숫자 앞에 약을 붙여 말합니다.

➡ **6** cm에 가깝기 때문에 약 **6** cm입니다.

(2) 길이 어림하기

① 어림한 길이 : 약 **3** cm

② 자로 잰 길이 : **3** cm

• 자를 사용하지 않고 물건의 길이가 얼마쯤인지 어림할 수 있습니다.

어림한 길이를 말할 때 약 ☐ cm라고 합니다.

확인문제

4 ☐ 안에 알맞은 수를 써넣으세요.

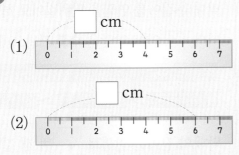

(1)

(2)

5 자를 이용하여 지우개의 길이를 재려고 합니다. 길이를 바르게 잰 것의 기호를 쓰세요.

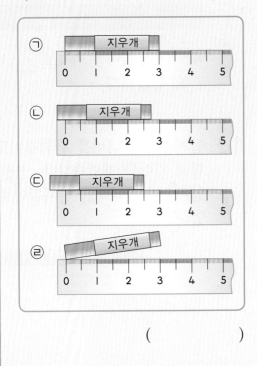

(   )

6 그림을 보고 ☐ 안에 알맞은 수를 써넣으세요.

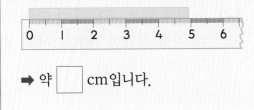

➡ 약 ☐ cm입니다.

유형 1 여러 가지 단위로 길이 재기

막대의 길이를 연필을 단위길이로 하여 재었습니다. ☐ 안에 알맞은 수를 써넣으세요.

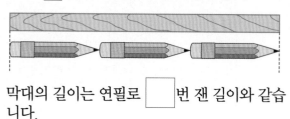

막대의 길이는 연필로 ☐ 번 잰 길이와 같습니다.

1-1 ☐ 안에 알맞은 수를 써넣으세요.

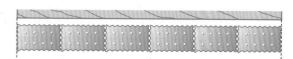

➡ 막대의 길이는 과자로 ☐ 번 잰 길이와 같습니다.

1-2 엄지손가락 너비를 단위길이로 하여 연필의 길이를 재었습니다. 연필의 길이는 엄지손가락 너비를 단위길이로 몇 번 재었나요?

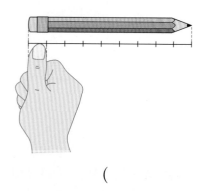

( )

1-3 교실에 있는 책상의 긴 쪽의 길이를 재는데 가장 적당한 단위는 어느 것인가요?

( )

① 걸음   ② 뼘   ③ 양팔

④ 클립   ⑤ 엄지손가락의 너비

1-4 ☐ 안에 알맞은 수를 써넣으세요.

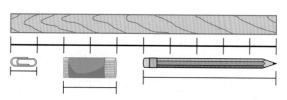

이나 와 같이 어떤 길이를 재는 데 기준이 되는 길이를 ☐라고 합니다.

여러 가지 물건을 이용하여 막대의 길이를 잰 것입니다. ☐ 안에 알맞은 수를 써넣으세요. [1-5~1-7]

1-5 클립을 이용하여 재면 ☐ 번 재어야 합니다.

1-6 딱풀을 이용하여 재면 ☐ 번 재어야 합니다.

1-7 연필을 이용하여 재면 ☐ 번 재어야 합니다.

유형 2 Ⅰ cm 알아보기

안에 알맞게 써넣으세요.

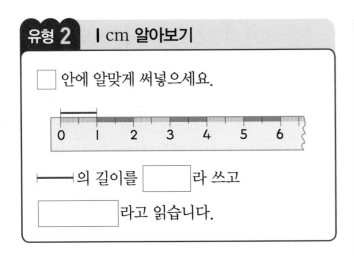

└── 의 길이를 [ ] 라 쓰고

[ ] 라고 읽습니다.

2-1 바르게 쓰고 읽어 써 보세요.

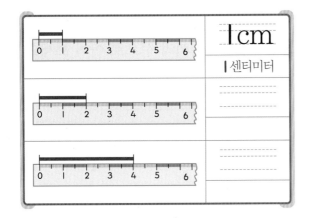

2-2 숫자가 지워진 자가 있습니다. 지워진 곳에 숫자를 써넣어 자를 완성해 보세요.

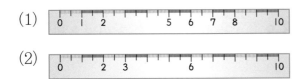

2-3 [ ]안에 알맞은 수를 각각 써넣으세요.

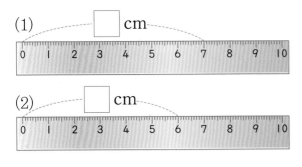

유형 3 자로 길이 재기

그림을 보고 [ ] 안에 알맞은 수를 써넣으세요.

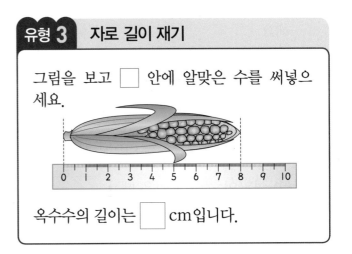

옥수수의 길이는 [ ] cm입니다.

3-1 연필의 길이를 재었습니다. 물음에 답하세요.

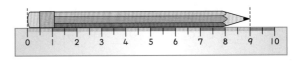

(1) 연필의 길이는 Ⅰcm가 몇 번인가요?

(   )

(2) 연필의 길이는 몇 cm인가요?

(   )

3-2 선의 길이를 자로 재어 보세요.

(1) ───── (   )

(2) ──────────

(   )

3-3 다음 색 테이프의 길이가 각각 몇 cm인지 구하세요.

(1)
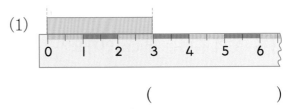

(   )

(2)
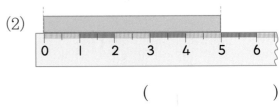

(   )

4
단원

3-4 그림을 보고 □ 안에 알맞은 수를 써넣으세요.

(1) 연필의 길이는 □ cm입니다.

(2) 연필의 길이를 읽을 때는 □
라고 읽습니다.

3-5 자를 이용하여 길이를 재는 방법으로 바르지 않은 것은 어느 것인가요?

( )

① 물건의 한쪽 끝을 자의 눈금 **0**에 맞춥니다.

② 물건과 자를 나란히 놓습니다.

③ 길이를 잴 때 눈금 **0**에 맞출 수 없는 경우에는 길이를 잴 수 없습니다.

④ 길이를 재는 물건의 왼쪽 끝이 가리키는 수와 오른쪽 끝이 가리키는 수로 물건의 길이를 알 수 있습니다.

⑤ 자에서 **1** cm가 몇 번 들어가는지를 세어서 길이를 잴 수 있습니다.

3-6 못의 길이는 몇 cm인가요?

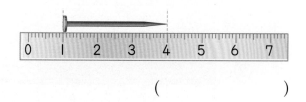

( )

3-7 지우개의 길이를 알아보려고 합니다. □ 안에 알맞은 수를 써넣으세요.

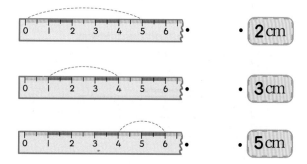

(1) 지우개의 길이는 **1** cm로 □ 번입니다.

(2) 지우개의 길이는 □ cm입니다.

3-8 같은 길이끼리 선으로 이어 보세요.

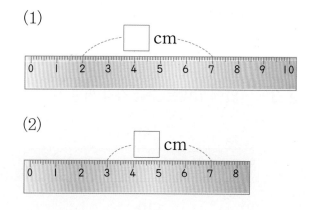

3-9 □ 안에 알맞은 수를 써넣으세요.

(1)

(2)

유형 4 길이 어림하기

□ 안에 알맞은 수를 써넣으세요.

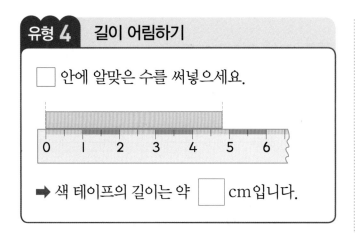

➡ 색 테이프의 길이는 약 □ cm입니다.

4-1 □ 안에 알맞은 수를 써넣으세요.

막대의 길이는 I cm로 **7**번쯤 됩니다.
따라서 붓의 길이를 어림하면 약 □ cm
입니다.

4-2 그림을 보고 □ 안에 알맞은 수를 써넣으세요.

➡ 물풀의 길이는 약 □ cm입니다.

4-3 I cm 길이의 나무 막대를 보고 주어진 긴 나무 막대의 길이를 어림하여 보세요.

 I cm

어림한 길이 : 약 □ cm

자로 잰 길이 : □ cm

4-4 그림을 보고 크레파스의 길이를 어림하여 보세요.

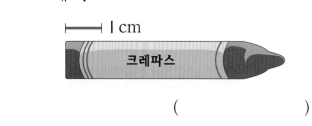

(   )

그림을 보고 물음에 답하세요. [4-5〜4-7]

4-5 막대의 길이는 몇 cm와 몇 cm 사이에 있나요?

(   )

4-6 막대의 길이는 몇 cm에 더 가깝나요?

(   )

4-7 막대의 길이는 약 몇 cm라고 말할 수 있나요?

(   )

엄지손가락의 너비로 자석과 연필의 길이를 재었습니다. 물음에 답하세요. [1~3]

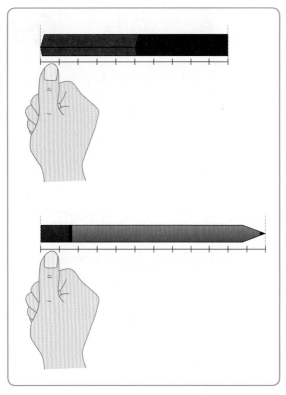

1 자석의 길이는 엄지손가락의 너비로 몇 번인가요?

( )

2 연필의 길이는 엄지손가락의 너비로 몇 번인가요?

( )

3 자석과 연필 중 어느 것의 길이가 더 긴가요?

( )

끈의 길이를 단위길이 ㉮, ㉯로 재었습니다. 물음에 답하세요. [4~7]

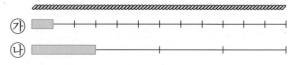

4 끈의 길이는 ㉮의 길이로 몇 번인가요?

( )

5 끈의 길이는 ㉯의 길이로 몇 번인가요?

( )

6 ㉮와 ㉯ 중 어느 길이로 재어 나타낸 수가 더 큰가요?

( )

7 ㉮와 ㉯ 중 어느 길이로 재어 나타낸 수가 더 작은가요?

( )

8 교과서의 긴 쪽의 길이를 재는 데 가장 적당한 단위는 어느 것인가요? (　　　)

① 걸음　　　② 클립

③ 양팔　　　④ 엄지손가락의 너비

⑤ 뼘

현수는 밧줄의 길이를 발 길이로 재었습니다. 물음에 답하세요. [9~10]

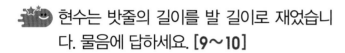

9 밧줄의 길이는 현수의 발 길이를 단위길이로 몇 번 재었나요?

(　　　　　)

10 발 길이를 단위길이로 하여 밧줄의 길이를 재었더니 소영이는 **9**번, 하진이는 **6**번이었습니다. 현수보다 발 길이가 더 긴 친구는 누구인가요?

(　　　　　)

11 막대의 길이를 단위길이 가, 나, 다로 재었을 때, 어느 단위길이로 재어 나타낸 수가 가장 작은가요?

가　▨

나　▨▨▨▨

다　▨▨▨

(　　　　　)

12 칠판의 긴 쪽의 길이를 다음 물건을 단위 길이로 하여 재었습니다. 단위길이로 재어 나타낸 수가 가장 큰 것은 어느 것인가요?

(　　　　　)

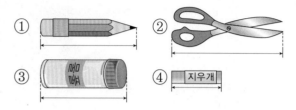

① ② ③ ④ 지우개

테이프의 길이를 다음과 같은 단위길이로 재어 보려고 합니다. □ 안에 알맞은 말을 써넣거나 물음에 답하세요. [13~15]

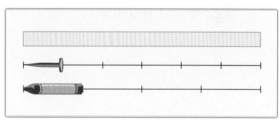

13 □ 안에 알맞은 말을 써넣으세요.

> 못, 크레용과 같이 어떤 길이를 재는 데 있어서 기준이 되는 길이를 □□□□라고 합니다.

14 어느 단위길이가 더 긴가요?

(　　　　　)

15 어느 단위길이로 재어 나타낸 수가 더 큰가요?

(　　　　　)

16 사진의 긴 쪽의 길이와 짧은 쪽의 길이는 각각의 단위길이로 몇 번인가요?

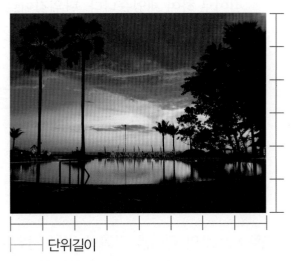

├──┤ 단위길이

긴 쪽　　: 단위길이로 [ ]번

짧은 쪽 : 단위길이로 [ ]번

17 □ 안에 알맞은 수를 써넣으세요.

(1)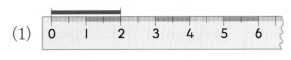

➡ I cm로 [ ]번이므로

[ ]cm입니다.

(2)

➡ I cm로 [ ]번이므로

[ ]cm입니다.

18 □ 안에 알맞은 수를 써넣으세요.

크레파스의 길이는 [ ]cm입니다.

19 다음 중 막대의 길이를 바르게 잰 것은 어느 것인가요? (　　)

①

②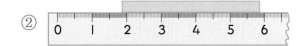

③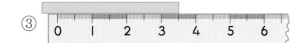

④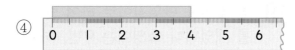

⑤

20 치약의 길이는 몇 cm인지 자로 재어 □ 안에 알맞은 수를 써넣으세요.

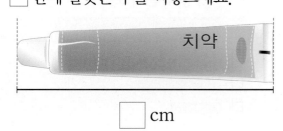

[ ] cm

21 사각형의 변의 길이를 자로 재어 ☐ 안에 알맞은 수를 써넣으세요.

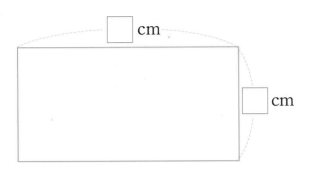

22 다음 길이가 각각 몇 cm인지 ☐ 안에 알맞은 수를 써넣으세요.

(1) ☐ cm

(2) ☐ cm

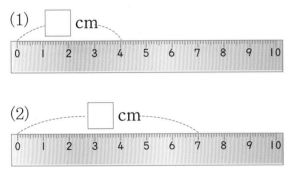

23 색 테이프의 길이를 찾아 선으로 이어 보세요.

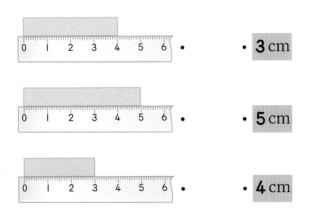

· **3** cm

· **5** cm

· **4** cm

24 다음은 자석의 길이를 재는 방법을 나타낸 것입니다. ☐ 안에 알맞은 수를 써넣으세요.

① 자석의 한 끝을 자의 눈금 ☐ 에 맞춥니다.

② 자석의 다른 끝에 있는 자의 눈금을 읽으면 ☐ cm입니다.

25 선의 길이를 자로 재어 보세요.

(1) ☐ cm

(2) ☐ cm

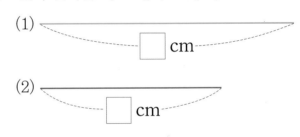

26 ☐ 안에 알맞게 써넣으세요.

| **1** cm로 **10**번을 ☐ cm라 하고 |
| ☐ 라고 읽습니다. |

27 주어진 길이만큼 점선을 따라 선을 그어 보세요.

6 cm

4
단원

28 ☐ 안에 알맞은 수를 써넣고 바르게 써 보세요.

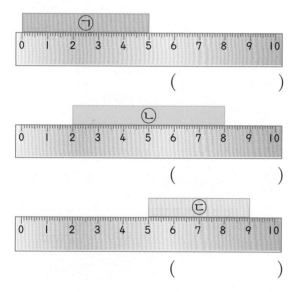

3 cm
➡ 1 cm로 3번 ➡ **3 cm**

6 cm
➡ 1 cm로 ☐ 번 ➡ ----

7 cm
➡ 1 cm로 ☐ 번 ➡ ----

29 다음 중 색 테이프의 길이가 가장 긴 것에 ○표 하세요.

ㄱ
0 1 2 3 4 5 6 7 8 9 10
(   )

ㄴ
0 1 2 3 4 5 6 7 8 9 10
(   )

ㄷ
0 1 2 3 4 5 6 7 8 9 10
(   )

30 1 cm 길이의 나무 막대를 보고 주어진 긴 나무 막대의 길이를 어림하여 보세요.

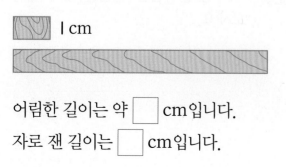

1 cm

어림한 길이는 약 ☐ cm입니다.
자로 잰 길이는 ☐ cm입니다.

31 현규가 갖고 있는 색 테이프의 길이를 이용하여 동수의 색 테이프의 길이를 어림하여 보세요.

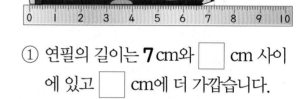

현규 5 cm
동수

(   )

32 그림을 보고 ☐ 안에 알맞은 수를 써넣으세요.

0 1 2 3 4 5 6 7 8 9 10

① 연필의 길이는 **7** cm와 ☐ cm 사이에 있고 ☐ cm에 더 가깝습니다.

② 연필의 길이를 어림하면 약 ☐ cm 입니다.

33 그림을 보고 ☐ 안에 알맞은 수를 써넣으세요.

0 1 2 3 4 5 6 7 8 9 10

➡ 딱풀의 길이는 약 ☐ cm입니다.

34 선의 길이를 어림하고 자로 재어 보세요.

어림한 길이 : 약 (   ) cm

자로 잰 길이 :   (   ) cm

37 길이가 가장 짧은 색 테이프는 어느 것인지 어림하여 기호를 쓰고 그 길이를 자로 재어 보세요.

㉠

㉡

㉢

(   )

35 색 테이프의 길이를 어림하고 자로 재어 보세요.

(1)

어림한 길이 : 약 ☐ cm

자로 잰 길이 : ☐ cm

(2)

어림한 길이 : 약 ☐ cm

자로 잰 길이 : ☐ cm

38 지우개의 긴 부분의 길이를 어림하고 자로 재어 보세요.

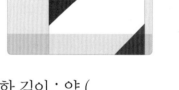

어림한 길이 : 약 (   ) cm

자로 잰 길이   : (   ) cm

36 물건의 길이를 각각 어림하고 자로 재어 보세요.

(1)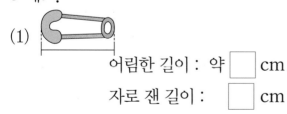

어림한 길이 : 약 ☐ cm

자로 잰 길이 : ☐ cm

(2)

어림한 길이 : 약 ☐ cm

자로 잰 길이 : ☐ cm

39 길이가 17 cm인 색연필의 길이를 친구들이 어림한 것입니다. 누가 실제 길이에 가장 가깝게 어림했나요?

재민	아진	윤구
약 15 cm	약 20 cm	약 16 cm

(   )

1 어떤 물건의 길이를 ㉠~㉣의 길이로 잴 때, 가장 많이 재어야 하는 것은 어느 것인가요?

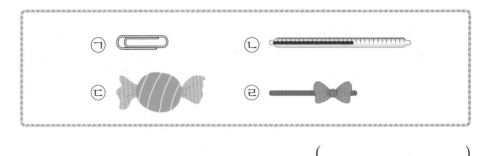

(   )

단위길이를 한 칸으로 할 때 몇 칸인지 알아봅니다.

🐛 필통의 긴 쪽과 짧은 쪽의 길이를 각각 재어 보려고 합니다. 물음에 답하세요. **[2~3]**

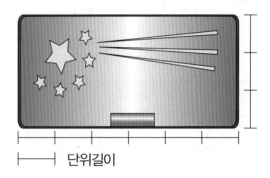

├──┤ 단위길이

2 필통의 짧은 쪽의 길이는 단위길이로 몇 번 잰 길이와 같은가요?

(   )

3 필통의 긴 쪽의 길이는 단위길이로 몇 번 잰 길이와 같은가요?

(   )

하나의 길이를 여러 가지 단위길이로 재어 나타낼 수 있습니다. 단위길이가 길수록 재어 나타낸 수가 작고, 단위길이가 짧을수록 재어 나타낸 수가 큽니다.

4 양초의 길이를 단위길이 ㉮, ㉯, ㉰로 재었습니다. 각각의 단위길이로 재어 나타낸 수가 작은 것부터 순서대로 기호를 쓰세요.

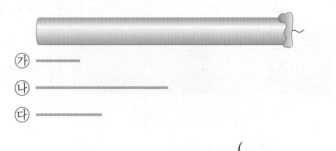

㉮ ──────
㉯ ────────────
㉰ ───────

(   )

같은 단위길이로 서로 다른 물건의 길이를 잴 때 단위길이로 재어 나타낸 수와 물건의 길이는 어떤 관계가 있을지 생각해 봅니다.

5 현수가 뼘으로 색 테이프의 길이를 재었더니 초록색 테이프의 길이는 13뼘이고, 보라색 테이프의 길이는 12뼘이었습니다. 어느 색 테이프의 길이가 더 긴가요?

( )

6 ㉠의 길이가 8 cm라면 ㉡의 길이는 몇 cm인가요?

㉠

㉡

( )

7 수학 문제집의 긴 쪽의 길이는 빨간색 막대 길이로 8번, 파란색 막대 길이로 2번, 노란색 막대 길이로 5번이라고 합니다. 길이가 짧은 순서대로 막대의 색을 바르게 나열하세요.

( )

8 ㉮와 ㉯의 길이의 차는 몇 cm인가요?

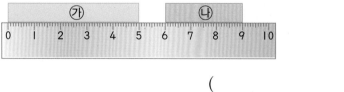

( )

나뭇잎의 길이는 1cm로 몇 번 인지 알아봅니다.

9 나뭇잎의 길이는 몇 cm인가요?

(   )

변의 한쪽 끝을 자의 눈금 0에 맞추고 길이를 재어 봅니다.

사각형을 보고 물음에 답하세요. [10~12]

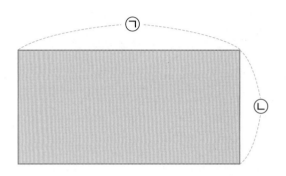

10 ㉠과 ㉡의 길이는 각각 몇 cm인지 자로 재어 보세요.

㉠ (   ) ㉡ (   )

11 ㉠과 ㉡의 길이의 합은 몇 cm인가요?

(   )

12 사각형의 네 변의 길이의 합은 몇 cm인가요?

(   )

13 자를 사용하여 길이를 잰 것 중 가장 알맞은 것은 어느 것인가요?

(   )

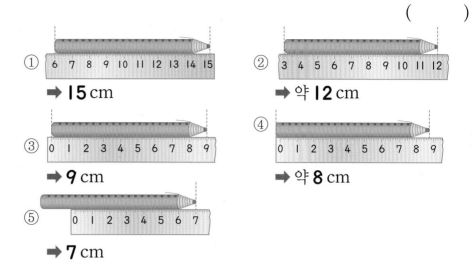

어림한 길이를 말할 때는 약 □cm라고 합니다.

14 엽서의 긴 쪽의 길이는 짧은 쪽의 길이보다 몇 cm 더 긴지 구하세요.

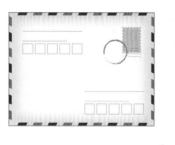

(   )

자를 이용하여 실제로 길이를 각각 재어 봅니다.

15 자를 사용하여 삼각형의 세 변의 길이를 잴 때 가장 긴 변의 길이는 가장 짧은 변의 길이보다 몇 cm 더 긴지 구하세요.

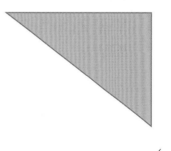

(   )

자를 이용하여 실제로 삼각형의 세 변의 길이를 각각 재어 본 후 가장 긴 변의 길이와 가장 짧은 변의 길이의 차를 구합니다.

16 준석이는 참고서의 짧은 쪽의 길이를 약 19 cm라고 어림하였습니다. 자로 참고서의 짧은 쪽의 길이를 재어 보니 21 cm였습니다. 어림한 길이와 실제 길이의 차는 몇 cm인가요?

(   )

어림한 길이와 실제 길이의 차를 구할 때에는 긴 길이에서 짧은 길이를 뺍니다.

01

오른쪽 그림에서 작은 사각형의 한 변의 길이는 1 cm이고 네 변의 길이는 모두 같습니다. 굵은 선의 길이는 몇 cm인가요?

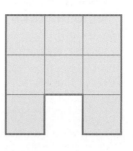

(   )

02

유승이가 가지고 있는 연필의 길이는 8 cm이고 유승이의 연필로 3번 잰 길이와 같은 막대가 있습니다. 이 막대의 길이가 6 cm인 지우개로 몇 번 잰 것과 같습니까?

(   )

03

길이가 12 cm인 색 테이프 6장을 다음과 같이 이어 붙이려고 합니다. 색 테이프를 2 cm씩 겹쳐서 붙일 때 이어 붙인 색 테이프의 전체 길이는 몇 cm인가요?

12 cm

2 cm

(   )

04 가장 긴 색 테이프와 가장 짧은 색 테이프의 길이의 합은 몇 cm인가요?

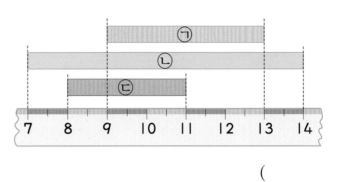

( )

다음과 같은 ㉠, ㉡, ㉢의 **3**가지 색깔의 막대로 길이를 재어 보려고 합니다. 물음에 답하세요. [05~06]

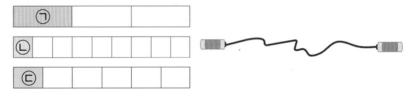

05 줄넘기를 펼친 후 길이를 재어 보았더니 ㉡으로 **12**번이었습니다. 이 줄넘기를 ㉠으로 재어 나타낸 수는 몇 번인가요?

( )

06 줄넘기의 길이를 ㉢으로 재어 나타낸 수는 몇 번인가요?

( )

07 색 테이프 ㉮와 ㉯의 길이의 합은 몇 cm인가요?

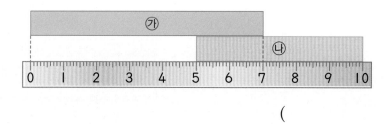

( )

08 주어진 그림에서 연필의 길이는 11 cm입니다. 못과 볼펜의 길이는 각각 몇 cm인가요?

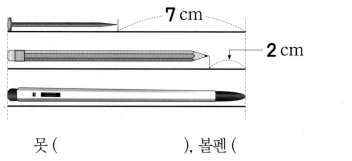

못 ( ), 볼펜 ( )

09 오른쪽 그림은 네 변의 길이가 각각 1 cm인 사각형 4개로 이루어진 도형입니다. 점 ㉠에서 출발하여 선을 따라 4 cm를 움직여 ㉡까지 가는 방법은 몇 가지인가요?

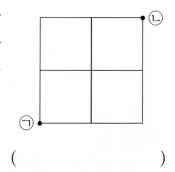

( )

10 색 테이프를 붙여 만든 ㉮와 ㉯의 길이는 같습니다. ㉠ 테이프의 길이는 몇 cm인가요?

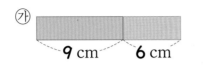

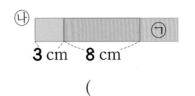

(   )

4
단원

가장 작은 사각형의 네 변의 길이는 모두 같습니다. 물음에 답하세요.

[11~13]

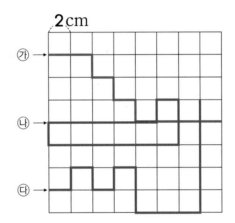

11 ㉮ 선의 길이는 모두 몇 cm인가요?

(   )

12 ㉯ 선의 길이는 모두 몇 cm인가요?

(   )

13 ㉮, ㉯, ㉰ 선 중 길이가 가장 긴 선은 가장 짧은 선보다 몇 cm 더 긴가요?

(   )

1 줄넘기 줄은 단위길이로 몇 번 잰 길이와 같나요?

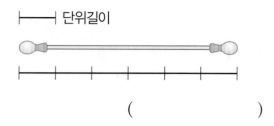

├───┤ 단위길이

(   )

2 엄지손가락 너비를 단위길이로 하여 막대의 길이를 재었습니다. 막대의 길이는 엄지손가락 너비로 몇 번 잰 것과 같나요?

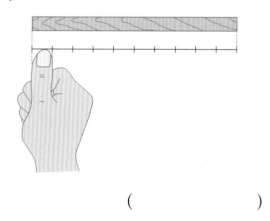

(   )

3 유승이가 클립을 단위길이로 하여 책에 그려져 있는 동물의 길이를 재어 나타낸 표입니다. 길이가 긴 동물부터 차례대로 쓰세요.

늑대	악어	표범
4번	6번	5번

(   )

4 단위길이로 **5**번만큼 색칠하세요.

▨ 단위길이

 볼펜의 길이를 단위길이 ㉮, ㉯, ㉰로 각각 재어 보았습니다. 물음에 답하세요. **[5~7]**

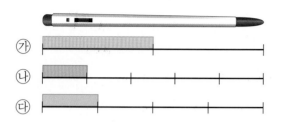

5 단위길이가 가장 긴 것부터 순서대로 기호를 쓰세요.

(   )

6 볼펜의 길이는 단위길이 ㉮, ㉯, ㉰로 몇 번 잰 것과 같나요?

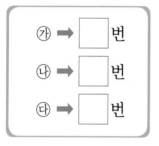

㉮ ➡ ☐ 번

㉯ ➡ ☐ 번

㉰ ➡ ☐ 번

7 단위길이로 재어 나타낸 수가 가장 큰 것의 기호를 쓰세요.

(   )

8 Ⅰcm를 바르게 쓴 것은 어느 것인가요?

(   )

① ⅠCM   ② Ⅰcm

③ Ⅰcm   ④ ⅠCm

⑤ ⅠCM

9 1 cm에 대한 설명으로 옳은 것을 찾아 기호를 쓰세요.

> ㉠ 자에서 가장 작은 눈금 한 칸의 길이입니다.
> ㉡ 자에서 큰 눈금 한 칸의 길이로 길이가 모두 같습니다.
> ㉢ 1미터라고 읽습니다.

( )

10 막대의 길이는 몇 cm인가요?

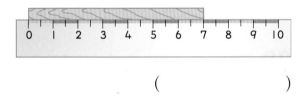

( )

11 ☐ 안에 알맞은 수를 써넣으세요.

(1) ☐ cm

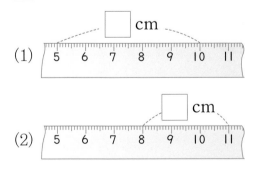

(2) ☐ cm

12 못의 길이는 1 cm가 몇 번인가요?

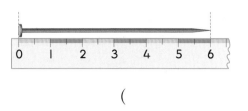

( )

13 ㉠의 길이는 몇 cm인가요?

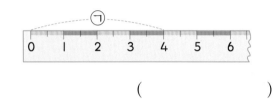

( )

14 막대의 길이는 몇 cm인가요?

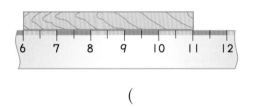

( )

15 그림에서 색연필은 손톱깎이보다 몇 cm 더 긴가요?

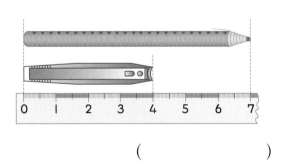

( )

서술형

16 ☐안에 알맞은 수를 써넣으세요.

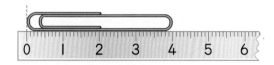

➡ 클립의 길이는 약 ☐ cm입니다.

17 실제 길이가 17 cm인 붓의 길이를 경민이는 약 15 cm라고 어림하였고, 성국이는 약 18 cm라고 어림하였습니다. 누가 더 잘 어림하였는지 구하세요.

(   )

18 주어진 색 테이프의 길이를 어림하고 재어 보세요.

어림한 길이 : (   )
자로 잰 길이 : (   )

19 그림에서 가장 작은 사각형의 한 변의 길이는 1 cm이고 네 변의 길이는 모두 같습니다. 빨간 선의 길이는 몇 cm인지 풀이 과정을 쓰고 답을 구하세요.

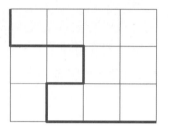

풀이 _____

_____

_____

답 _____

20 길이가 8 cm인 색 테이프 2장을 그림과 같이 겹쳐지는 부분이 3 cm가 되도록 길게 이어 붙였습니다. 이어 붙인 전체 길이는 몇 cm인지 풀이 과정을 쓰고 답을 구하세요.

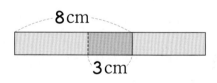

풀이 _____

_____

_____

_____

답 _____

단원 **5** 분류하기

이번에 배울 내용

1 분류하기

2 분류하여 세어 보기

3 분류한 결과 이야기하기

1 분류하기

• 영민이 방에서 찾을 수 있는 물건을 다음과 같이 모았습니다.

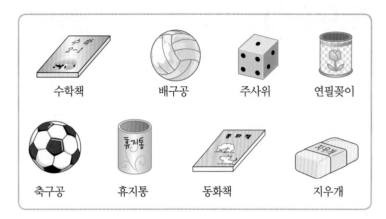

• 모양에 따라 물건들을 모아 보면 다음과 같습니다.

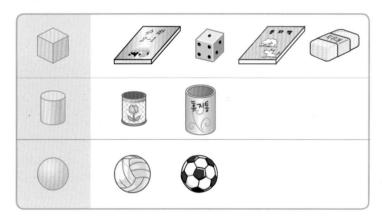

• 용도에 따라 물건들을 모아 볼 수도 있습니다.

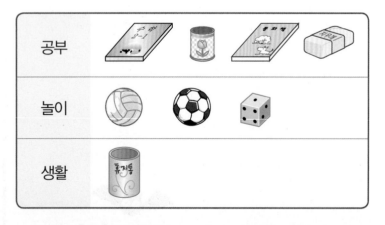

• 어떤 기준을 정해서 나누는 것을 분류라고 합니다.
• 기준을 정하여 분류할 때에는 구분이 확실히 되는 모양, 크기, 색깔 등을 기준으로 정해야 합니다.

확인문제

1 규현이는 다음과 같은 물건들을 분류해 보려고 합니다. 물음에 답하세요.

(1) 빈칸에 알맞게 분류해 보세요.

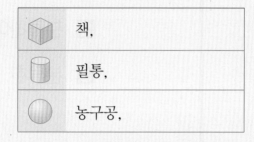	책,
	필통,
	농구공,

(2) 어떤 기준에 따라 분류한 것인가요?

(   )

2 주은이 친구들이 좋아하는 과일을 조사한 것입니다. 물음에 답하세요.

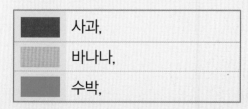

(1) 빈칸에 알맞게 분류해 보세요.

	사과,
	바나나,
	수박,

(2) 어떤 기준에 따라 분류한 것인가요?

(   )

2 분류하여 세어 보기

- 준우네 반 학생들이 가지고 있는 공을 다음과 같이 조사하였습니다.

| 축구공 | 야구공 | 축구공 | 농구공 | 축구공 |
| 농구공 | 배구공 | 농구공 | 야구공 | 배구공 |

- 가지고 있는 공에 따라 분류하여 어린이 수를 세어 보면 다음과 같습니다.

공	축구공	야구공	농구공	배구공
학생 수(명)	3	2	3	2

➡ 분류하여 셀 때에는 같은 종류별로 ○, ∨, / 등의 표시를 하면서 빠뜨리거나 중복하여 세지 않도록 합니다.

3 분류한 결과 알아보기

- 미리네 반 학생들이 좋아하는 채소를 조사한 후 분류하여 세어 나타낸 것입니다.

| 배추 | 오이 | 당근 | 오이 | 배추 |
| 고추 | 무 | 고추 | 오이 | 무 |

채소	배추	고추	오이	무	당근
학생 수(명)	2	2	3	2	1

- 가장 많은 학생이 좋아하는 채소는 오이입니다.
- 가장 적은 학생이 좋아하는 채소는 당근입니다.
- 배추, 고추, 무를 좋아하는 학생 수는 모두 **2**명으로 같습니다.

확인문제

3 연희네 모둠 학생들이 가지고 있는 블록 모양을 조사하였습니다. 물음에 답하세요.

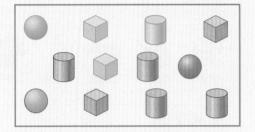

(1) 모양에 따라 분류하여 수를 세어 보세요.

모양			
수(개)			

(2) 가장 많은 학생이 가지고 있는 모양은 어느 것인가요?

(   )

(3) 가장 적은 학생이 가지고 있는 모양은 어느 것인가요?

(   )

(4) 색깔에 따라 분류하여 수를 세어 보세요.

색깔	빨간색	파란색	초록색
수(개)			

(5) 가장 많은 학생이 가지고 있는 블록의 색은 무슨 색인가요?

(   )

(6) 가장 적은 학생이 가지고 있는 블록의 색은 무슨 색인가요?

(   )

유형 1 분류하기

한수네 모둠 학생들이 좋아하는 동물을 조사하였습니다. 동물들을 사는 곳에 따라 분류해 보세요.

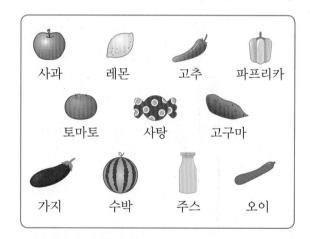

강아지 가오리 고래 토끼 사자 문어

육지	
바다	

지민이가 엄마와 함께 마트 식품코너에서 먹을 것을 샀습니다. 물음에 답하세요.

[1-1~1-6]

사과 레몬 고추 파프리카

토마토 사탕 고구마

가지 수박 주스 오이

1-1 빨간색인 것은 어떤 것이 있나요?

( )

1-2 노란색인 것은 어떤 것이 있나요?

( )

1-3 초록색인 것은 어떤 것이 있나요?

( )

1-4 보라색인 것은 어떤 것이 있나요?

( )

1-5 다음과 같이 분류하여 표의 빈칸에 알맞게 써넣으세요.

	사과		

1-6 어떤 기준에 따라 분류한 것인가요?

( )

생활 주변에서 찾을 수 있는 물건입니다. 물음에 답하세요. [1-7~1-11]

동전 칠판 옷걸이

삼각자 액자 바퀴

단추 표지판 시계

1-7 원 모양인 물건은 어느 것인가요?

( )

1-8 삼각형 모양인 물건은 어느 것인가요?

( )

1-9 사각형 모양인 물건은 어느 것인가요?

( )

1-10 다음과 같이 분류하여 표의 빈칸에 알맞게 써넣으세요.

원	동전		
삼각형			
사각형			

1-11 어떤 기준에 따라 분류한 것인가요?

( )

도형을 보고 분류 기준에 따라 분류하려고 합니다. 물음에 답하세요. [1-12~1-15]

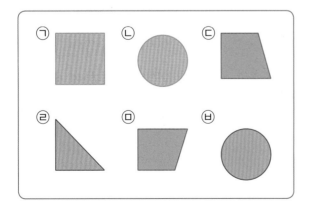

1-12 그림을 보고 알맞게 분류하여 기호를 써넣으세요.

1-13 위의 표는 어떤 기준에 따라 분류한 것인가요?

( )

1-14 그림을 보고 알맞게 분류하여 기호를 써넣으세요.

원	
삼각형	
사각형	

1-15 위의 표는 어떤 기준에 따라 분류한 것인가요?

( )

유형 2 분류하여 세어 보기

세진이네 반 학생들이 좋아하는 음식을 조사한 것입니다. 좋아하는 음식을 분류하여 세어 보세요.

스파게티	치킨	햄버거	피자
피자	햄버거	스파게티	피자
피자	치킨	피자	치킨

음식	스파게티	치킨	햄버거	피자
학생 수(명)				

🐛 해정이네 집에서 찾을 수 있는 물건입니다. 물음에 답하세요. [2-1~2-2]

축구공	템버린	책	저금통
가방	지구본	고깔모자	주사위
북	모자	야구공	

2-1 위 물건은 모양별로 분류하면 모두 몇 가지인가요?

( )

2-2 물건을 분류하여 세어 보세요.

모양				
세면서 표시하기				
물건 수(개)				

🐛 민서가 엄마와 함께 마트 의류코너에서 본 것입니다. 물음에 답하세요. [2-3~2-5]

㉠	㉡	㉢
㉣	㉤	㉥
㉦	㉧	㉨

2-3 ㉠~㉨을 종류별로 분류하여 세어 보세요.

종류	옷	신발	가방
세면서 표시하기			
수(개)			

2-4 ㉠~㉨을 색깔별로 분류하여 세어 보세요.

색깔			
수(개)			

유형 3 · 분류한 결과 알아보기

호동이의 친구들이 좋아하는 동물입니다. 물음에 답하세요.

| 고양이 | 가오리 | 상어 | 까치 |
| 토끼 | 돼지 | 오징어 | 호랑이 |

(1) 동물을 분류할 수 있는 기준으로 알맞은 것에 ○표 하세요.

(동물이 주로 활동하는 곳, 동물의 키)

(2) 호동이의 친구들이 좋아하는 동물이 주로 활동하는 곳에 따라 분류하여 보세요.

바다	
육지	
하늘	

(3) 가장 많은 친구들이 좋아하는 동물은 주로 어느 곳에서 활동하는 동물인가요?

(   )

(4) 가장 적은 친구들이 좋아하는 동물은 주로 어느 곳에서 활동하나요?

(   )

(5) 또 다른 기준에 따라 동물을 분류할 수 있다면 어떤 것이 있을지 말해 보세요.

_____

_____

동우는 동생과 함께 집안 정리를 하려고 합니다. 방과 거실에 정리해야 하는 물건들이 다음과 같습니다. 물음에 답하세요.

[3-1~3-4]

사과	치마	필통	지우개
교과서	주스	삼각자	점퍼
연필	모자	티셔츠	

3-1 어떤 기준에 따라 분류할 수 있나요?

(   )

3-2 정리해야 할 것을 기준에 따라 분류하여 보세요.

냉장고	
옷장	
책상	

3-3 가장 많은 물건들을 정리해 두어야 할 곳은 어느 곳인가요?

(   )

3-4 가장 적은 물건들을 정리해 두어야 할 곳은 어느 곳인가요?

(   )

1 준희가 가지고 있는 모양 조각을 분류한 것입니다. 알맞은 말에 ○표 하세요.

모양 조각을 (색깔, 모양)에 따라 분류한 것입니다.

책꽂이에 책이 꽂혀 있습니다. 물음에 답하세요. [2~3]

2 종류에 따라 분류해 보세요.

교과서	
사전	
동화책	

3 책의 긴 쪽의 길이에 따라 분류해 보세요.

더 긴 것	
더 짧은 것	

석준이 어머니께서 시장에서 사 오신 것입니다. 물음에 답하세요. [4~6]

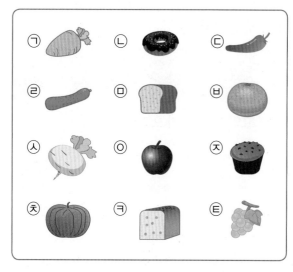

4 종류에 따라 분류하여 표의 빈칸에 알맞은 기호를 써넣으세요.

채소	
과일	
빵	

5 어머니께서 가장 많이 사 오신 종류는 어느 것인가요?

( )

6 어머니께서 가장 적게 사 오신 종류는 어느 것인가요?

( )

모양을 보고 물음에 답하세요. [7~10]

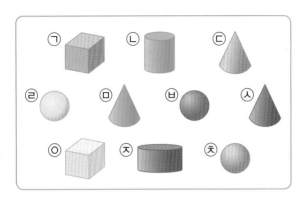

7 모양에 따라 분류하여 빈칸에 알맞은 기호를 써넣으세요.

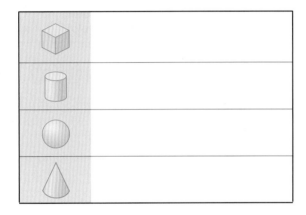

8 🔵 모양의 개수는 🔷모양의 개수보다 몇 개 더 많은가요?

( )

9 색깔에 따라 분류하여 빈칸에 알맞은 기호를 써넣으세요.

10 분홍색 모양과 노란색 모양 중에서 어느 모양이 몇 개 더 많은가요?

(,)

11 연수네 집에 있는 컵은 다음과 같습니다. 손잡이가 있는 것과 없는 것으로 분류하여 기호를 써넣으세요.

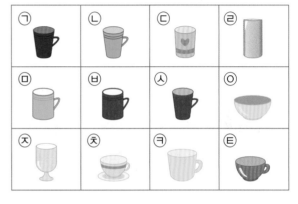

손잡이가 있는 것	
손잡이가 없는 것	

12 칠판에 여러 가지 글자가 쓰여 있습니다. 글자들을 한글, 숫자, 영어로 분류해 보세요.

한글	
숫자	
영어	

13 동준이네 반 학생들이 가지고 있는 공을 조사하였습니다. 가지고 있는 공에 따라 분류하여 학생 수를 세어 보세요.

공	축구공	야구공	농구공	배구공
학생 수(명)				

연희네 집 옷장에 정리하기 위해 내어 놓은 것들입니다. 물음에 답하세요. [14~15]

14 종류에 따라 분류하여 수를 세어 보세요.

종류	윗옷	치마	모자
옷 수(개)			

15 색깔에 따라 분류하여 수를 세어 보세요.

색깔	빨간색	주황색	분홍색	파란색
옷 수(개)				

신영이네 반 학생들이 좋아하는 음식을 조사 하였습니다. 물음에 답하세요. [16~18]

햄버거	피자	통닭	햄버거
햄버거	자장면	피자	김밥
통닭	피자	햄버거	피자
자장면	피자	김밥	통닭
피자	통닭	햄버거	자장면

16 조사한 학생은 모두 몇 명인가요?

(   )

17 신영이네 반 학생들이 좋아하는 음식은 모두 몇 가지인가요?

(   )

18 좋아하는 음식에 따라 분류하고 학생 수를 세어 보세요.

음식	햄버거			
세면서 표시하기				
학생 수(명)				

다음을 보고 물음에 답하세요. [19~22]

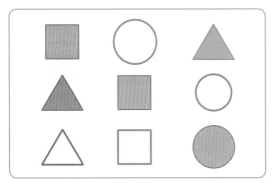

19 분류한 기준으로 알맞은 것에 ○표 하세요.

(모양, 예쁜 색깔)

20 19번 분류 기준에 따라 분류하여 세어 보세요.

모양	삼각형	사각형	원
개수(개)			

21 다음과 같이 분류하여 세어 보세요.

도형	색이 있는 도형	테두리만 있고 색이 없는 도형
개수(개)		

22 테두리만 있고 색이 없는 원모양은 몇 개 인가요?

( )

현수 어머니께서 시장에서 사 온 물건들을 기준에 따라 분류하려고 합니다. 물음에 답 하세요. [23~24]

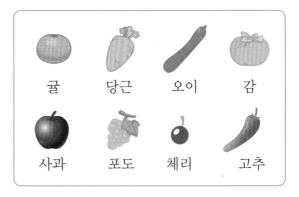

5 단원

23 과일과 채소로 분류하여 세어 보세요.

종류	과일	채소
개수(개)		

24 색깔을 기준으로 분류하여 세어 보세요.

색깔	빨간색	주황색	초록색
개수(개)			

25 상호네 반 학생들이 좋아하는 간식을 조 사한 것입니다. 좋아하는 간식을 분류하 여 세어 보세요.

간식	떡볶이	라면	과일	과자
학생 수(명)				

한솔이네 반 학생들이 좋아하는 계절을 조사하였습니다. 물음에 답하세요. [26~28]

겨울	봄	겨울	봄
봄	여름	가을	여름
여름	봄	봄	가을

26 좋아하는 계절에 따라 분류하여 학생 수를 세어 보세요.

계절	봄	여름	가을	겨울
학생 수(명)				

27 가장 많은 학생들이 좋아하는 계절은 무엇인가요?

( )

28 같은 수의 학생들이 좋아하는 계절은 어느 계절과 어느 계절인가요?

( )

연우네 반 학생들이 좋아하는 색깔을 조사하였습니다. 물음에 답하세요. [29~32]

주황색	초록색	파란색	노란색
노란색	보라색	노란색	빨간색
파란색	빨간색	주황색	보라색

29 좋아하는 색깔에 따라 분류하여 학생 수를 세어 보세요.

색깔	주황색	초록색	파란색	노란색	빨간색	보라색
학생 수(명)						

30 가장 많은 학생들이 좋아하는 색깔은 무엇인가요?

( )

31 가장 적은 학생들이 좋아하는 색깔은 무엇입니까?

( )

32 주황색을 좋아하는 학생 수와 보라색을 좋아하는 학생 수의 합을 구하세요.

( )

민식이는 친구들이 여행을 가기 위해 타고 싶은 교통수단을 조사하였습니다. 물음에 답하세요. [33~37]

기차	비행기	자전거	비행기
비행기	배	비행기	배
기차	비행기	기차	비행기

33 타고 싶은 교통수단을 분류하여 세어 보세요.

교통수단	기차	비행기	자전거	배
사람 수(명)				

34 가장 많은 친구가 타고 싶은 교통수단은 무엇인가요?

( )

35 34의 결과는 무엇 때문인지 생각해 보세요.

( )

36 가장 적은 친구가 타고 싶은 교통수단은 무엇인가요?

( )

37 36의 결과는 무엇 때문인지 생각해 보세요.

( )

집안에 있는 정리해야 할 물건들입니다. 물음에 답하세요. [38~40]

| 티셔츠 | 구두 | 모자 | 슬리퍼 |
| 치마 | 털장갑 | 운동화 | 장갑 |

38 어떤 기준에 따라 분류할 수 있나요?

39 정리해야 할 물건들을 다음과 같이 정한 기준에 따라 분류해 보고 세어 보세요.

기준		짝이 없는 물건
물건 수		

40 39의 표를 보고 정리해야 할 물건 중에 더 많은 것은 무엇인지 쓰세요.

( )

5

단원

현휘는 다음과 같이 이동 수단을 조사하였습니다. 물음에 답하세요.

[1~2]

이동 수단을 바퀴의 수에 따라 분류해 봅니다.

1 바퀴의 수에 따라 분류하여 기호를 쓰세요.

바퀴 **2**개		바퀴 **4**개	

이동 수단을 바퀴가 **2**개인 것과 **4**개인 것으로 분류하였을 때 나머지 셋과 다르게 나뉘는 것을 찾아봅니다.

2 나머지 셋과 다르게 나뉘는 것을 찾아 기호를 쓰세요.

(   )

3 민희네 반 어린이들이 각자 자신이 가지고 있는 주사위를 **1**번씩 던져 나온 눈을 조사하였습니다. 다음과 같이 분류한 기준으로 정할 수 있는 것의 기호를 쓰세요.

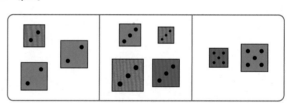

ⓐ 주사위의 크기   ⓑ 주사위의 색깔   ⓒ 눈의 수

(   )

4 이동 수단을 다음과 같이 분류하였습니다. 분류한 기준을 써 보세요.

↓

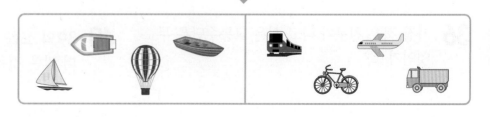

(   )

삼각형은 **3**개의 변이 있어야 하고 사각형은 **4**개의 변이 있어야 합니다.

도형을 보고 물음에 답하세요. [5～8]

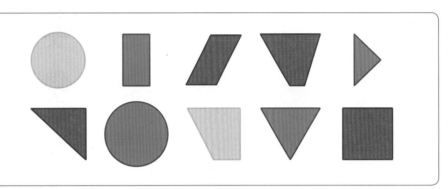

5 모양에 따라 분류하여 세어 보세요.

도형	삼각형	사각형	원
수(개)			

6 색깔에 따라 분류하여 세어 보세요.

색깔	빨간색	파란색	노란색
수(개)			

7 빨간색이면서 사각형인 도형은 몇 개인가요?

(   )

8 파란색이면서 삼각형인 도형은 몇 개인가요?

(   )

😃 여러 가지 모양을 보고 물음에 답하세요. [9~12]

모양별로 수를 세어 봅니다.

9 모양에 따라 분류하고 수를 세어 보세요.

모양	♠	♣	◆
수(개)			

10 위의 기준 이외에 분류 기준으로 정할 수 있는 것에 ○표 하세요.

크기	색깔

11 위 **10**에서 정한 기준에 따라 분류하고 수를 세어 보세요.

수(개)			

색깔별로 세어 본 수가 작은 것부터 순서대로 적습니다.

12 위 **11**을 보고 가장 적은 색깔부터 순서대로 써 보세요.

( )

자석 판에 붙어 있는 자석입니다. 물음에 답하세요. [13~14]

13 알맞은 기준에 따라 분류하여 수를 세어 보세요.

모양	과일		
자석 수(개)			

5 단원

각 조건에 맞도록 수를 세어 표를 완성한 후, 가장 큰 수와 가장 작은 수를 찾습니다.

14 가장 많은 모양의 자석은 가장 적은 모양의 자석보다 몇 개 많은가요?

( )

문구점에서 오늘 하루 동안 팔린 색연필입니다. 물음에 답하세요.
[15~16]

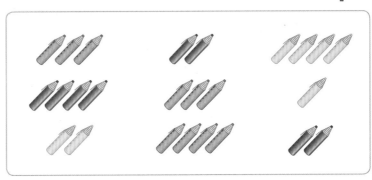

표를 만들어 색깔별로 수를 세어 써 봅니다.

15 빨간색, 파란색, 노란색 색연필 중 가장 많이 팔린 색연필의 색깔은 무엇인가요?

( )

16 오늘 팔린 색연필의 수를 바탕으로 문구점 주인이 색연필을 팔기 위해 많이 준비해야 할 색연필의 색깔부터 순서대로 쓰세요.

( )

01

두 가지 기준을 만족하는 수 카드를 찾아 카드에 적힌 수를 써 보세요.

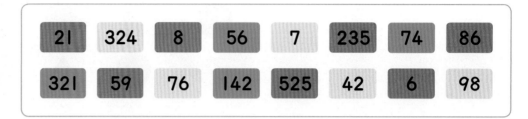

기준 1	두 자리 수가 적힌 카드입니다.
기준 2	파란색 카드입니다.

(   )

02

각각의 색깔에 대한 수를 먼저 알아봅니다.

은주가 선생님께 받은 칭찬스티커입니다. 색깔에 따라 분류하여 세어 보세요.

색깔	검정, 파랑	노랑, 빨강
수(개)		

03

신영이네 반 학생들이 입고 있는 옷의 단추를 조사하였습니다. 노란색이면서 구멍이 **4**개인 단추는 빨간색이면서 구멍이 **2**개인 단추보다 몇 개 더 많은가 요?

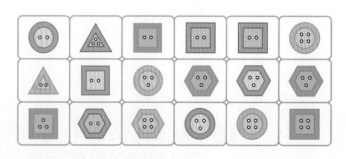

(   )

규현이네 가족이 좋아하는 음식을 조사하여 분류하였습니다. 물음에 답하세요.
[04~05]

할아버지	할머니	아빠	엄마
된장찌개	김치찌개	자장면	칼국수
형	누나	동생	규현
탕수육	피자	불고기	㉠

종류	한국음식	중국음식	이탈리아 음식
수(명)	㉡	2	2

04

㉠에 알맞은 규현이가 좋아하는 음식의 종류는 무엇인가요?

( )

음식별로 센 수를 비교하여 규현이가 좋아하는 음식의 종류를 찾습니다.

5
단원

05

㉡에 알맞은 수를 구하세요.

( )

06

유승이는 여러 가지 모양의 단추를 모았습니다. 3칸에 모두 나누어 담을 수 있는 분류 기준을 3가지 써 보세요.

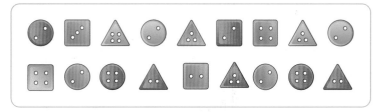

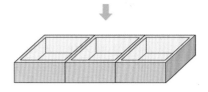

분류기준 1   분류기준 2   분류기준 3

승화네 반 학생들이 좋아하는 운동입니다. 물음에 답하세요. [07~08]

| 남학생 | 여학생 | 남학생 | 남학생 | 남학생 | 여학생 |
| 여학생 | 여학생 | 남학생 | 남학생 | 여학생 | 남학생 |

07

남학생이면서 공을 가지고 하는 운동을 좋아하는 학생은 모두 몇 명인가요?

(   )

두 가지 조건을 모두 만족해야 합니다.

08

여학생이면서 공을 가지고 하는 운동을 좋아하는 학생은 모두 몇 명인가요?

(   )

09

12장의 카드를 카드의 색깔과 그려진 모양을 기준으로 각각 분류하여 그 수를 센 것입니다. 빈 칸에 들어갈 카드의 알맞은 색깔과 그려진 모양을 차례대로 써 보세요.

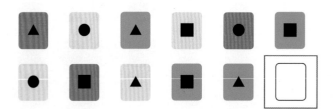

색깔	빨간색	노란색	초록색
개수(장)	3	5	4

모양	▲	■	●
개수(장)	4	5	3

(   )

10 다음은 마트에서 구입할 물건들입니다. 구입할 물건이 가장 많은 층은 몇 층인가요?

층	코너
3층	운동용품
2층	문구, 생활용품
1층	채소, 과일, 생선

(   )

11 규형이네 반 학생들이 가지고 있는 카드의 수를 조사하였습니다. 카드를 13장보다 적게 가지고 있는 학생은 21장보다 많이 가지고 있는 학생보다 몇 명 더 많은가요?

16장	15장	20장	10장	13장	17장	4장	14장
11장	19장	18장	13장	4장	9장	21장	6장
14장	25장	32장	8장	29장	12장	27장	24장
23장	15장	17장	18장	9장	34장	36장	15장

(   )

12 가, 나, 다 세 꽃 가게에서 한 시간 동안 팔린 꽃의 수를 종류별로 조사한 것입니다. 한 시간 동안 꽃을 가장 많이 판 가게는 어느 가게인가요?

가게 \ 꽃	장미	튤립	카네이션	백합
가	2	1	2	3
나	1	0	2	4
다	4	1	3	1

(   )

다음을 보고 물음에 답하세요. [1~4]

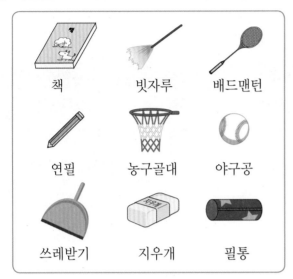

책   빗자루   배드맨턴

연필   농구골대   야구공

쓰레받기   지우개   필통

1 공부할 때 쓰는 물건은 몇 개인가요?

(   )

2 청소할 때 쓰는 물건은 몇 개인가요?

(   )

3 운동할 때 쓰는 물건은 몇 개인가요?

(   )

4 위 물건들을 알맞은 용도에 따라 분류하여 세어 보세요.

용도	공부	청소	운동
물건 수(개)			

5 집에 있는 물건들을 다음과 같이 분류하였습니다. 분류한 기준을 바르게 찾아 ○표 하세요.

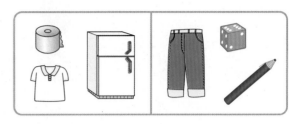

(색깔, 모양, 종류)

숲에 사는 동물들입니다. 물음에 답하세요. [6~7]

다람쥐   까치   반달곰   비둘기

딱따구리   멧돼지   사슴   부엉이

6 날개가 있는 것과 없는 것으로 분류해 보세요.

날개가 있는 것	
날개가 없는 것	

7 위 **6**의 기준 이외에 분류 기준으로 정할 수 있는 것의 기호를 쓰세요.

ㄱ 모양   ㄴ 크기   ㄷ 다리 수

(   )

8 공을 사용하는 운동과 공을 사용하지 않는 운동으로 분류해 보세요.

수영	멀리뛰기	야구
농구	마라톤	레슬링

공을 사용하는 운동	
공을 사용하지 않는 운동	

9 학생들이 좋아하는 간식을 조사한 것입니다. 좋아하는 간식을 분류하여 세어 보세요.

간식	떡볶이	자장면	과일	아이스크림
학생 수(명)				

10 분류할 수 있는 기준으로 적당하지 않은 것을 골라 기호를 쓰세요.

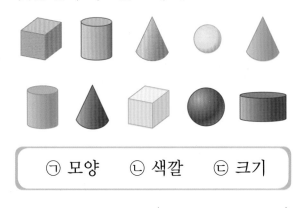

㉠ 모양	㉡ 색깔	㉢ 크기

( )

한별이네 반 학생들이 존경하는 위인을 조사하였습니다. 물음에 답하세요.

[11~14]

이순신	세종대왕	세종대왕	유관순
세종대왕	이순신	유관순	신사임당
신사임당	세종대왕	신사임당	신사임당
유관순	신사임당	세종대왕	세종대왕
세종대왕	유관순	이순신	세종대왕

11 모두 몇 명의 어린이를 조사하였나요?

( )

12 존경하는 위인에 따라 분류하여 학생 수를 세어 보세요.

위인	수(명)	위인	수(명)

13 가장 많은 학생들이 존경하는 위인을 써 보세요.

( )

14 유관순을 존경하는 학생과 신사임당을 존경하는 학생은 모두 몇 명인가요?

( )

여러 가지 단추가 섞여 있습니다. 단추를 분류하여 정리하려고 합니다. 물음에 답하세요. [15~18]

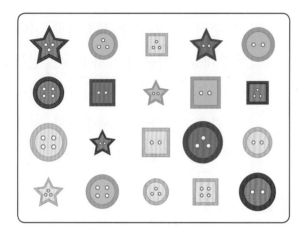

15 단추를 분류할 수 있는 기준은 무엇이 있을지 생각해 보고 적당하지 <u>않은</u> 것에 × 표 하세요.

색깔	모양	종류	구멍 수
( )	( )	( )	( )

16 모양에 따라 분류하여 세어 보세요.

모양	☆	○	□
단추 수(개)			

17 색깔에 따라 분류하여 세어 보세요.

색깔	빨간색	초록색	파란색	노란색
단추 수(개)				

18 구멍 수에 따라 분류하여 세어 보세요.

구멍 수	2개	3개	4개
단추 수(개)			

19 용희네 반 학생들이 좋아하는 장난감을 조사하였습니다. 인형을 좋아하는 학생은 미니카를 좋아하는 학생보다 몇 명 더 많은지 풀이 과정을 쓰고 답을 구하세요.

로봇	인형	미니카	인형
미니카	로봇	인형	미니카
인형	로봇	미니카	인형
미니카	인형	인형	미니카
인형	미니카	인형	로봇

풀이 _____

_____

_____

_____

답 _____

20 혜정이네 모둠 학생들이 좋아하는 동물을 분류하여 센 것입니다. 혜정이네 모둠이 9명이라면 사자를 좋아하는 학생 수는 몇 명인지 풀이 과정을 쓰고 답을 구하세요.

동물	토끼	곰	사자	사슴
수(명)	5	2		1

풀이 _____

_____

_____

답 _____

단원 **6** 곱셈

이번에 배울 내용

1 묶어 세기

2 몇의 몇 배 알아보기

3 곱셈식 알아보기

4 곱셈식으로 나타내기

1 묶어 세기

- 풍선의 수를 하나씩 세어 보면 1, 2, 3, …, 15이 므로 15개입니다.
- 풍선의 수를 5씩 뛰어 세면 풍선은 모두 15개입 니다.

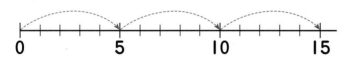

- 풍선을 3개씩 묶어서 세어 보면 3씩 5묶음이므로 모두 15개입니다.

- 풍선을 5씩 묶어서 세어 보면 5씩 3묶음이므로 모두 15개입니다.

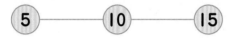

- 몇씩 묶느냐에 따라 묶음 수는 달라도 풍선의 수는 항상 15개입니다.

2 몇의 몇 배 알아보기

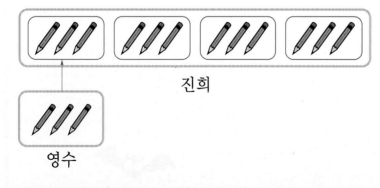

진희

영수

- 진희가 가진 연필은 3씩 4묶음입니다.
- 3씩 4묶음은 3의 4배입니다.
  ➡ 진희가 가진 연필 수는 영수가 가진 연필 수의 4배입니다.

확인문제

1 공깃돌이 모두 몇 개인지 세어 보려고 합니다. 그림을 보고 □ 안에 알맞은 수를 써넣으세요.

(1) 2씩 묶어 세어 보면

| 2 | 4 | | | | 입니다.

(2) 공깃돌의 수는 □ 씩 □ 묶음입니다.

(3) 공깃돌은 모두 □ 개입니다.

2 사과가 모두 몇 개인지 세어 보려고 합니다. □ 안에 알맞은 수를 써넣으세요.

(1) 사과의 수는 □ 씩 □ 묶음입니다.

(2) 사과는 모두 □ 개입니다.

3 나뭇잎은 모두 몇 장인지 알아보려고 합니다. 물음에 답하세요.

(1) 6장씩 묶어 보세요.

(2) 6장씩 몇 묶음인가요? (   )

(3) 나뭇잎의 수는 6의 몇 배인가요?

(   )

3 곱셈식 알아보기

- 위 그림에서 사탕의 수는 **6**씩 **3**묶음입니다.
- 위 그림에서 사탕의 수는 **6**의 **3**배입니다.
- **6**의 **3**배를 **6 × 3**이라고 씁니다.
- **6 × 3**은 **6** 곱하기 **3**이라고 읽습니다.
- **6**의 **3**배는 **6 + 6 + 6 = 18**이고 이것을
  6 × 3 = 18이라고 씁니다.
- **6 × 3 = 18**은 **6** 곱하기 **3**은 **18**과 같습니다라고
  읽습니다.
  또는 **6 × 3 = 18**을 **6**과 **3**의 곱은 **18**입니다라고
  읽습니다.

- 같은 수를 여러 번 더하는 것은 곱셈식으로 나타
  낼 수 있습니다.

  $$■ + ■ + ■ + \cdots + ■ + ■ = ■ × ●$$
  ●개

4 곱셈식으로 나타내기

수박이 한 상자에 **4**개씩 들어 있습니다. **5**개의 상자
에 들어 있는 사과는 모두 몇 개인지 알아보세요.

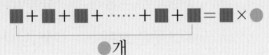

- 수박이 **4**씩 **5**묶음 있으므로 수박의 수는 **4**의 **5**배
  입니다.
- **4**의 **5**배는 **4 + 4 + 4 + 4 + 4 = 20**입니다.
- 수박의 수를 곱셈식으로 나타내면 **4 × 5 = 20**입
  니다. 따라서 **5**개의 상자에 들어 있는 수박은 모
  두 **20**개입니다.

확인문제

4 옥수수는 모두 몇 개인지 알아보려고 합
니다. 물음에 답하거나 □ 안에 알맞은 수
를 써넣으세요.

(1) 옥수수는 **5**씩 몇 묶음인가요?

(   )

(2) 옥수수의 수는 **5**의 몇 배인가요?

(   )

(3) 옥수수의 수를 덧셈식으로 나타내어
보세요.

5 + □ + □ = □

(4) **5**의 **3**배를 **5 ×** □ 이라고 씁니다.

(5) **5 × 3**을 □ 곱하기 □ 이라고 읽
습니다.

5 그림을 보고 □ 안에 알맞은 수를 써넣으
세요.

(1) 참외는 **3**의 □ 배입니다.

(2) 덧셈식으로 나타내면 다음과 같습니다.

➡ □ + □ + □ + □ + □

   = □

(3) 곱셈식으로 나타내면 다음과 같습니다.

➡ □ × □ = □

(4) **3 × 5 = 15**는 ' □ 곱하기 □ 는

□ 와 같습니다.'라고 읽습니다.

유형 1 묶어 세기

우유는 모두 몇 개인지 알아보려고 합니다. □ 안에 알맞은 수를 써넣으세요.

(1) 우유의 수는 **3**씩 □ 묶음입니다.

(2) **3**씩 묶어서 세어 보세요.

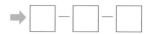

1-1 조개의 수를 **4**씩 뛰어서 세어 보세요.

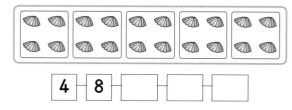

1-2 사과가 모두 몇 개인지 **5**씩 묶어 세어 보세요.

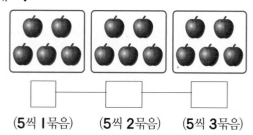

(5씩 1묶음) (5씩 2묶음) (5씩 3묶음)

1-3 □ 안에 알맞은 수를 써넣으세요.

(1) 딸기의 수는 **2**씩 □ 묶음입니다.

(2) 딸기의 수는 **5**씩 □ 묶음입니다.

1-4 **3**개씩 묶어 보고 □ 안에 알맞은 수를 써넣으세요.

축구공의 수는 **3**씩 □ 묶음입니다.

1-5 그릇은 모두 몇 개인지 세어 보세요.

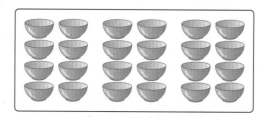

그릇의 수는 **8**씩 □ 묶음입니다.

➡ 그릇은 모두 □ 개입니다.

1-6 바나나를 **4**개씩 묶어 세어 보고 바나나가 모두 몇 개인지 구하세요.

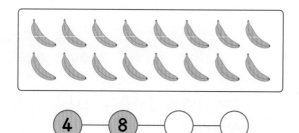

바나나는 모두 □ 개입니다.

유형 2 몇의 몇 배 알아보기

그림을 보고 ☐ 안에 알맞은 수를 써넣으세요.

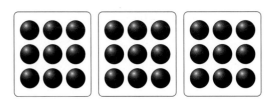

(1) 바둑돌의 수는 **9**씩 ☐ 묶음입니다.

(2) 바둑돌의 수는 **9**의 ☐ 배입니다.

2-1 사탕이 **18**개 있습니다. ☐ 안에 알맞은 수를 써넣으세요.

(1) 사탕의 수는 **6**씩 ☐ 묶음입니다.

(2) **18**은 **6**의 ☐ 배입니다.

2-2 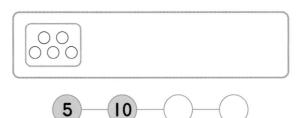 의 **4**배가 되도록 ○를 그리고 모두 몇 개인지 ☐ 안에 알맞은 수를 써넣으세요.

➡ ○는 모두 ☐ 개입니다.

2-3 ☐ 안에 알맞은 수를 써넣으세요.

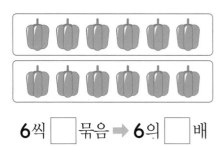

6씩 ☐ 묶음 ➡ **6**의 ☐ 배

2-4 ☐ 안에 알맞은 수를 써넣으세요.

(1) **3**씩 ☐ 묶음은 ☐ 입니다.

(2) **3**씩 ☐ 묶음은 **3**의 ☐ 배입니다.

(3) **12**는 **3**의 ☐ 배입니다.

2-5 ☐ 안에 알맞은 수를 써넣으세요.

(1) **5**씩 **6**묶음은 ☐ 의 ☐ 배입니다.

(2) **6**씩 **5**묶음은 ☐ 의 ☐ 배입니다.

(3) **3**씩 **9**줄은 ☐ 의 ☐ 배입니다.

(4) **9**씩 **3**줄은 ☐ 의 ☐ 배입니다.

6
단원

유형 3 곱셈식 알아보기

그림을 보고 □ 안에 알맞은 수를 써넣으세요.

(1) 가위의 수는 **2**씩 □ 묶음입니다.

(2) 가위의 수를 덧셈식으로 나타내면

2+□+□+□+□+□

=□ 입니다.

(3) 가위의 수를 곱셈식으로 나타내면

2×□=□ 입니다.

3-1 그림을 보고 □ 안에 알맞은 수를 써넣으세요.

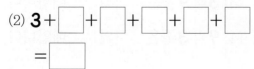

3씩 □ 묶음은 □ 입니다.

➡ □×□=□

3-2 오른쪽 그림을 보고 □ 안에 알맞은 수를 써넣으세요.

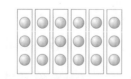

(1) 구슬의 수는 **3**씩 □ 묶음입니다.

(2) **3**+□+□+□+□+□

=□

(3) **3**×□=□

3-3 그림을 보고 곱셈 기호를 사용하여 나타내 보세요.

6의 **3**배 ➡ □×□

3-4 그림을 보고 □ 안에 알맞은 수나 말을 써넣으세요.

(1) **2**의 **4**배를 **2**×□로 나타낼 수 있습니다.

(2) **2**×□는 **2** □ □ 로 읽습니다.

3-5 보기 와 같은 방법으로 나타내세요.

> 보기
> **5**의 **3**배 ➡ **5**×**3**

(1) **7**의 **5**배 ➡ ( )

(2) **8**의 **3**배 ➡ ( )

3-6 덧셈식을 완성하고 덧셈식을 곱셈식으로 나타내세요.

6+**6**+**6**+**6**+**6**=□

➡ **6**×□=□

유형 4 곱셈식으로 나타내기

종이배가 **5**개씩 **6**줄 있습니다. ☐ 안에 알맞은 수를 써넣거나 물음에 답하세요.

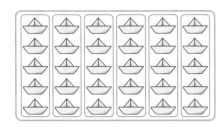

(1) 종이배의 수는 **5**의 ☐ 배입니다.

(2) 종이배의 수를 덧셈식으로 나타내세요.

➡ ☐+☐+☐+☐+☐+☐

=☐

(3) 종이배의 수를 곱셈식으로 나타내면

☐×☐=☐ 입니다.

(4) 종이배의 수는 모두 몇 개인가요?

( )

4-1 그림을 보고 ☐ 안에 알맞은 수를 써넣거나 물음에 답하세요.

(1) 도토리의 수는 **5**의 몇 배인가요?

( )

(2) 도토리의 수를 덧셈식과 곱셈식으로 나타내어 보세요.

덧셈식 : **5**+☐+☐=☐

곱셈식 : **5**×☐=☐

(3) 도토리의 수는 **3**의 몇 배인가요?

( )

(4) 도토리의 수를 덧셈식과 곱셈식으로 나타내어 보세요.

덧셈식 : **3**+☐+☐+☐+☐=☐

곱셈식 : **3**×☐=☐

4-2 그림을 보고 ☐ 안에 알맞은 수를 써넣으세요.

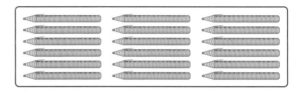

(1) 색연필 수는 **6**의 ☐ 배입니다.

(2) 덧셈식으로 나타내면

6+☐+☐=☐ 입니다.

(3) 곱셈식으로 나타내면

☐×☐=☐ 입니다.

4-3 오른쪽과 같은 상자 **7**개에 들어 있는 사과는 모두 몇 개인지 알아보려고 합니다. 물음에 답하세요.

(1) 사과의 수를 덧셈식으로 나타내어 보세요. ( )

(2) 사과의 수를 곱셈식으로 나타내어 보세요. ( )

(3) 사과는 모두 몇 개인가요?

( )

4-4 그림을 보고 꽃의 수를 곱셈식으로 나타내려고 합니다. ☐ 안에 알맞은 수를 써넣으세요.

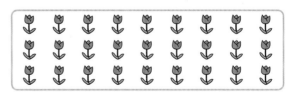

3의 ☐ 배 ➡ ☐×☐=☐

9의 ☐ 배 ➡ ☐×☐=☐

지우개는 모두 몇 개인지 뛰어 세려고 합니다. 물음에 답하세요. [1~2]

1 2씩 뛰어 세어 보세요.

2 지우개는 모두 몇 개인가요?

( )

민성이 어머니께서 마트에서 다음과 같이 달걀을 사 오셨습니다. 물음에 답하세요.

[3~4]

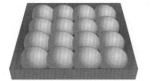

3 4씩 묶어 세어 보세요.

4 4개보다 많이 묶어 세어 보세요.

5 그림을 보고 ☐ 안에 알맞은 수를 써넣으세요.

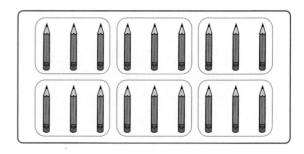

연필은 ☐ 씩 ☐ 묶음입니다.

6 채소 가게에는 다음과 같이 여러 가지 채소가 있습니다. 채소별로 묶어 세어 보세요.

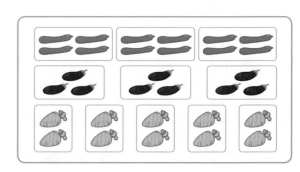

(오이)		4씩 ☐	묶음
(가지)		☐ 씩 ☐	묶음
(당근)		☐ 씩 ☐	묶음

7 귤이 모두 몇 개인지 묶어 세려고 합니다. ☐ 안에 알맞은 수를 써넣으세요.

(1) 귤은 2씩 ☐ 묶음입니다.

(2) 귤은 4씩 ☐ 묶음입니다.

(3) 귤은 모두 ☐ 개입니다.

8 구슬은 모두 몇 개인지 구하려고 합니다. 물음에 답하세요.

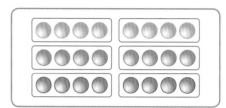

(1) 구슬은 몇개씩 몇 묶음인가요?

(   )

(2) 덧셈식으로 나타내세요.

(   )

(3) 구슬은 모두 몇 개인가요?

(   )

9 토마토를 **5**씩 묶어 세어 보고 ☐ 안에 알맞은 수를 써넣으세요.

➡ 토마토는 모두 ☐ 개입니다.

10 나무 한그루에 사과가 **7**개씩 달려 있습니다. 물음에 답하세요.

(1) 사과는 **7**개씩 몇 묶음인가요?

(   )

(2) **7**씩 묶어 세어 보세요.

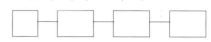

(3) 사과는 모두 몇 개인가요?

(   )

11 민수는 색종이로 종이학을 접었습니다. ☐ 안에 알맞은 수를 써넣으세요.

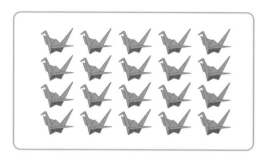

(1) 종이학의 수는 **5**씩 ☐ 묶음입니다.

(2) 종이학의 수는 **5**의 ☐ 배입니다.

(3) 종이학의 수를 덧셈식으로 써 보세요.

5 + ☐ + ☐ + ☐ = ☐

(4) 종이학은 모두 ☐ 개입니다.

12 축구공이 **21**개 있습니다. **21**은 **3**의 몇 배인가요?

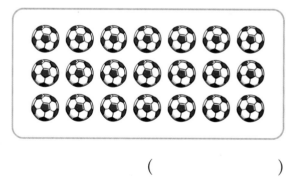

(   )

13 ☐ 안에 알맞은 수를 써넣으세요.

14 보기 와 같이 나타내 보세요.

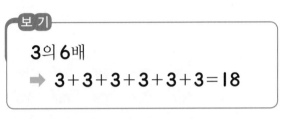

보 기

3의 **6**배
➡ 3+3+3+3+3+3=18

9의 **4**배 ➡ _____

15 ○ 안에 >, <를 알맞게 써넣으세요.

4의 **5**배 ◯ **8**의 **2**배

16 ☐ 안에 알맞은 수를 써넣으세요.

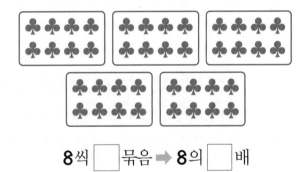

8씩 ☐ 묶음 ➡ 8의 ☐ 배

17 **4**씩 뛰어 세어 보고 **12**는 **4**의 몇 배인지 구하세요.

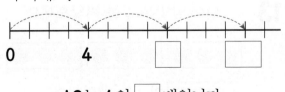

12는 **4**의 ☐ 배입니다.

18 딸기가 모두 **28**개 있습니다. 물음에 답하세요.

(1) **4**씩 묶어 보면 몇 묶음이 되나요?

( )

(2) **28**은 **4**의 몇 배인가요?

( )

(3) **7**씩 묶어 보면 몇 묶음이 되나요?

( )

(4) **28**은 **7**의 몇 배인가요?

( )

19 빨간 고추의 수는 초록 고추의 수의 몇 배인가요?

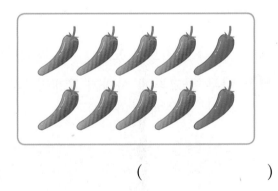

( )

20 그림에서 쌓기나무 한 개의 높이는 **4** cm 입니다. 쌓기나무 **4**개의 높이는 몇 cm인 가요?

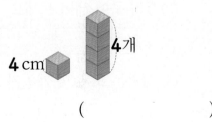

( )

21 그림을 보고 물음에 답하세요.

(1) 유리잔은 **9**씩 몇 묶음인가요?

( )

(2) 유리잔의 수를 덧셈식으로 나타내 보세요.

( )

(3) 유리잔의 수를 곱셈식으로 나타내 보세요.

( )

22 그림을 보고 ☐ 안에 알맞은 수를 써넣으세요.

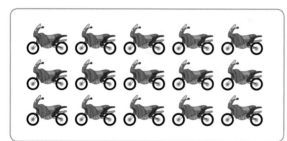

3씩 ☐ 묶음 ➡ ☐ × ☐

23 그림을 보고 ☐ 안에 알맞은 수를 써넣으세요.

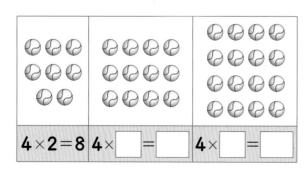

$4 \times 2 = 8$　$4 \times \boxed{} = \boxed{}$　$4 \times \boxed{} = \boxed{}$

24 컵이 모두 몇 개인지 알아보려고 합니다. 물음에 답하세요.

(1) 컵의 수는 **6**씩 몇 묶음인가요?

( )

(2) 컵의 수는 **6**의 몇 배인가요?

( )

(3) 덧셈식으로 나타내 보세요.

( )

(4) 곱셈식으로 나타내 보세요.

( )

(5) 컵은 모두 몇 개인가요?

( )

25 보기 와 같은 방법으로 나타내 보세요.

> 보 기
>
> **7**씩 **4**묶음 ➡ $7 \times 4 = 28$

9씩 **6**묶음 ➡ ☐ × ☐ = ☐

26 $5+5+5+5+5+5+5$와 같은 것을 모두 고르세요. ( )

① **5**씩 **7**묶음　② $5+7$

③ **5**의 **6**배　④ 5×7

⑤ 5×6

27 다음 중 나머지 셋과 다른 하나를 찾아 기호를 쓰세요.

> ㉠ **7**씩 **4**묶음   ㉡ **7+7+7+7+7**
>
> ㉢ **7** 곱하기 **4**   ㉣ **7×4**

(   )

28 사탕을 **8**개씩 묶었습니다. 물음에 답하세요.

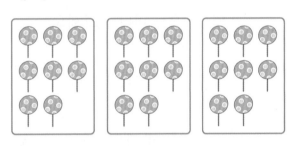

(1) 사탕의 수는 **8**의 몇 배인가요?

(   )

(2) 사탕의 수를 곱셈식으로 쓰세요.

(   )

(3) 사탕은 모두 몇 개인가요?

(   )

29 수직선을 보고 ▢ 안에 알맞은 수를 써넣으세요.

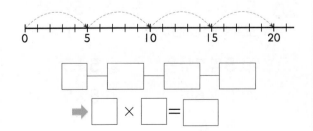

30 ▢ 안에 알맞은 수를 써넣으세요.

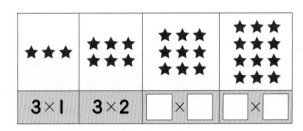

31 그림을 보고 ▢ 안에 알맞은 수를 써넣으세요.

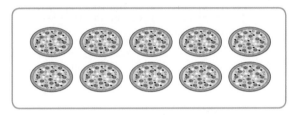

(1) 피자의 수는 **2**씩 ▢ 묶음입니다.

➡ ▢ × ▢ = ▢

(2) 피자의 수는 **5**씩 ▢ 묶음입니다.

➡ ▢ × ▢ = ▢

32 그림을 보고 만들 수 있는 곱셈식이 아닌 것을 모두 고르세요. (   )

① **8×2=16**   ② **4×4=16**

③ **6×3=18**   ④ **2×8=16**

⑤ **2×9=18**

33 그림을 보고 만들 수 있는 곱셈식을 모두 쓰세요.

- $2 \times \boxed{} = \boxed{}$ - $3 \times \boxed{} = \boxed{}$
- $6 \times \boxed{} = \boxed{}$ - $9 \times \boxed{} = \boxed{}$

34 그림을 보고 물음에 답하세요.

(1) 땅콩의 수는 **6**의 몇 배인가요?

(   )

(2) 땅콩의 수를 덧셈식과 곱셈식으로 나타내 보세요.

(,   )

(3) 땅콩은 모두 몇 개인가요?

(   )

35 자동차 한 대에 바퀴가 **4**개씩 있습니다. 자동차 **8**대의 바퀴는 모두 몇 개인가요?

(   )

36 효리가 가지고 있는 지우개의 수는 **4**개씩 **5**묶음입니다. 효리는 지우개를 몇 개 가지고 있나요?

(   )

37 성냥개비를 사용하여 그림과 같이 삼각형 **4**개를 만들려고 합니다. 필요한 성냥개비는 모두 몇 개인가요?

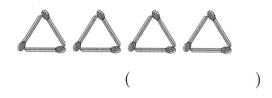

(   )

38 배구공이 한 상자에 **6**개씩 들어 있습니다. **7**상자에 들어 있는 배구공은 모두 몇 개인가요?

(   )

39 호랑이의 다리는 **4**개입니다. 동물원에 호랑이가 **9**마리 있다면, 동물원에 있는 호랑이의 다리는 모두 몇 개인가요?

(   )

40 현서의 나이는 **9**살이고, 아빠의 나이는 현서의 나이의 **5**배입니다. 아빠의 나이를 구하세요.

(   )

6
단원

귤을 **3**개씩 묶었을 때 몇 묶음이 되는지 알아봅니다.

1 귤이 **6**개씩 **4**묶음 있습니다. 귤을 다시 **3**개씩 묶으면 몇 묶음이 될까요?

(   )

2 **7**씩 뛰어 세기를 하려고 합니다. ☐ 안에 알맞은 수를 써넣으세요.

0   ☐   ☐   21

3 희선이는 ○ 모양 **6**개로 왼쪽과 같이 **2**묶음으로 나타내었습니다. ○ 모양 **10**개를 가지고 희선이처럼 **2**묶음으로 나타내고 ☐ 안에 알맞은 수를 써넣으세요.

3씩 **2**묶음   ☐씩 ☐묶음

4 빈 곳에 알맞은 수만큼 ○를 그려 넣고 ☐ 안에 알맞은 수를 써넣으세요.

의 **4**배 ➡

☐+☐+☐+☐=☐

☐×☐=☐

▲씩 ●묶음
➡ ▲의 ●배
➡ ▲+▲+……+▲
　　└──●번──┘
➡ ▲×●

5 관계있는 것끼리 선으로 이어 보세요.

6+6+6 ·　　　　· 28

7씩 2묶음 ·　　　　· 14

4의 7배 ·　　　　· 18

6 계산 결과가 가장 큰 것부터 순서대로 기호를 쓰세요.

㉠ **7**의 **7**배　　㉡ **6×8**
㉢ **9** 곱하기 **6**　　㉣ **8**씩 **5**묶음

(　　　　　　　)

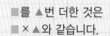
■를 ▲번 더한 것은
■×▲와 같습니다.

7 ☐ 안에 알맞은 수가 가장 큰 것을 찾아 기호를 쓰세요.

㉠ **4+4+4+4+4=☐×5**
㉡ **8×☐=8+8+8**
㉢ **2×5=2+2+2+2+☐**
㉣ **3+3+3+3+3+3=3×☐**

(　　　　　　　)

8 보기와 같이 약속할 때, **8★3**의 값을 구하세요.

보 기
㉠ ★ ㉡ = ㉠×㉡+㉠

(　　　　　　　)

9 ㉠과 ㉡의 차를 구하세요.

> ㉠ **4**와 **7**의 곱   ㉡ **3**의 **8**배

(   )

10 계산 결과가 같은 것을 모두 찾아 기호를 쓰세요.

> ㉠ **7×5**   ㉡ **9×4**
> ㉢ **6×6**   ㉣ **5×8**

(   )

11 그림을 보고 만들 수 있는 곱셈식을 **4**개 쓰세요.

(   )

12 나타내는 수가 가장 큰 것은 어느 것인가요? (   )

① **5**와 **8**의 곱   ② **7+7+7+7+7+7**

③ **9**씩 **4**묶음   ④ **6×8**

⑤ **6** 곱하기 **5**

두발자전거는 바퀴가 **2**개, 세발자전거는 바퀴가 **3**개입니다.

13 두발자전거가 **9**대, 세발자전거가 **7**대 있습니다. 자전거 바퀴는 어느 자전거가 몇 개 더 많은가요?

(,   )

14 하루에 지혜는 우유를 **3**컵 마시고, 동민이는 지혜보다 **2**컵 더 많이 마십니다. 동민이가 **7**일 동안 마시는 우유는 모두 몇 컵인가요?

(   )

15 색종이를 정연이는 **9**장씩 **5**묶음 가지고 있고, 윤정이는 **6**장씩 **8**묶음 가지고 있습니다. 두 사람 중에서 색종이를 더 많이 가지고 있는 사람은 누구인가요?

(   )

동생에게 준 연필의 수를 생각해야 합니다.

16 세웅이는 연필을 **5**자루씩 **8**묶음 가지고 있습니다. 그중에서 동생에게 **5**자루를 주었습니다. 세웅이에게 남은 연필은 몇 자루인가요?

(   )

step 5 응용 실력높이기

01

① ㉠과 ㉡에 알맞은 수 구하기
② ㉠과 ㉡에 알맞은 수의 합 구하기

㉠과 ㉡에 알맞은 수의 합을 구하세요.

> • **3**씩 **5**묶음은 ㉠입니다.
> • ㉡의 **5**배는 **35**입니다.

(   )

02

진수가 주사위를 **2**번 던졌습니다. 나온 두 눈의 수 중에서 작은 수를 구하세요.

> • 나온 두 눈의 수를 곱하면 **12**입니다.
> • 나온 두 눈의 수를 더하면 **7**입니다.

(   )

03

맞힌 부분이 몇 점에 해당하는지를 먼저 살펴봅니다.

진우는 화살로 과녁맞히기 놀이를 하였습니다. 진우가 맞힌 과녁이 다음과 같을 때 진우가 맞힌 과녁의 점수의 합을 구하세요.

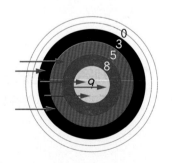

(   )

04

곱하는 두 수가 클수록 곱은 크고, 곱하는 두 수가 작을수록 곱은 작습니다.

아래 숫자 카드 중에서 **2**장을 뽑아 두 수의 곱을 구할 때, 가장 큰 곱과 가장 작은 곱의 합을 구하세요.

(   )

05

나타내는 수가 가장 작은 것부터 순서대로 기호를 쓰세요.

㉠ **6** 곱하기 **5**   ㉡ **4**씩 **7**번 뛰어서 세기   ㉢ **8**×**3**   ㉣ **2**씩 **9**묶음

(   )

06

한 상자에 **8**개씩 들어 있는 지우개가 **3**상자 있습니다. 이 지우개를 한 상자에 **6**개씩 넣으면 지우개는 모두 몇 상자가 되는지 구하세요.

(   )

07

① 문제에 알맞은 식 만들기
② 필요한 성냥개비의 수 만들기

성냥개비로 다음과 같은 모양을 **8**개 만들려면 성냥개비는 모두 몇 개 필요한지 구하세요.

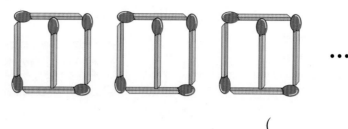

...

(   )

08

딸기맛 사탕이 한 봉지에 **5**개씩 **6**봉지, 포도맛 사탕이 한 봉지에 **7**개씩 **4**봉지 있습니다. 학생 **60**명에게 종류에 관계없이 사탕을 한 개씩 나누어 준다면 사탕을 받지 못하는 학생은 몇 명인가요?

(   )

09

다음 식에서 ㉠과 ㉡에 알맞은 수를 찾아 ㉠과 ㉡의 곱을 구하세요.

> ·**8**+**8**+**8**+**8**+**8**+**8**+**8**=**8**×㉠입니다.
> ·㉡+㉡+㉡+㉡+㉡+㉡=**42**

(   )

10

다음을 보고 노란색 색종이는 몇 장인지 구하세요.

> • 빨간색 색종이는 **6**장입니다.
> • 파란색 색종이는 빨간색 색종이의 **7**배입니다.
> • 노란색 색종이는 파란색 색종이보다 **8**장 더 많습니다.

(   )

11

6장의 수 카드 중에서 **2**장을 사용하여 두 수의 곱을 만들려고 합니다. 만들 수 있는 두 수의 곱 중에서 셋째로 큰 곱은 얼마인가요?

6 단원

| 3 | 8 | 7 | 2 | 9 | 5 |

(   )

12

유승이가 가지고 있는 수 카드입니다. 빨간색 수카드 **1**장과 노란색 수 카드 **1**장을 골라 두 수의 곱을 구할 때, 서로 다른 곱은 모두 몇 가지인가요?

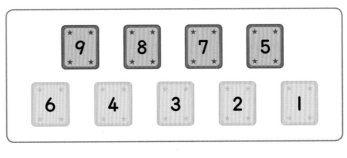

(   )

1 그림을 보고 빈 곳에 알맞은 수를 써넣으세요.

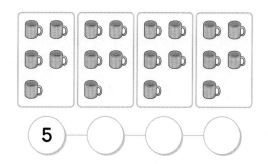

⑤ ― ◯ ― ◯ ― ◯

2 그림을 보고 ☐ 안에 알맞은 수를 써넣으세요.

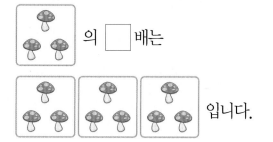

의 ☐ 배는

입니다.

3 △△△△ / △△△△ 의 **4**배만큼 ▲를 그리세요.

4 관계있는 것끼리 선으로 이어 보세요.

8씩 9묶음	•	•	8×9
4씩 5묶음	•	•	3×7
3씩 7묶음	•	•	4×5

5 곱셈식으로 나타내 보세요.

> **7**의 **8**배는 **56**입니다.

( )

6 보기 와 같은 방법으로 나타내 보세요.

> 보 기
> 4씩 3묶음 ➡ 4×3 = 12

6씩 8묶음 ➡ ☐ × ☐ = ☐

7 덧셈식을 곱셈식으로 잘못 나타낸 것은 어느 것인가요? ( )

① 2+2+2+2+2+2 ➡ 2×6 = 12

② 6+6+6 ➡ 6×3

③ 4+4+4+4+4 ➡ 4×4

④ 3+3+3 ➡ 3×3

⑤ 5+5+5+5 ➡ 5×4

8 안에 알맞은 수를 써넣으세요.

(1) $7+7+7+7+7+7$

➡ ☐ × ☐

(2) $8+8+8+8+8$

➡ ☐ × ☐

9 6의 2배와 다른 하나를 찾아 기호를 쓰세요. (　　　)

> ㉠ $6×2$　　㉡ $6+6$
> ㉢ 6 곱하기 2　㉣ $2+2$

10 다음을 곱셈식으로 나타내 보세요.

(1) | 8씩 2묶음은 16입니다. |

➡ _____

(2) | 6의 6배는 36입니다. |

➡ _____

(3) | 7씩 5줄은 35입니다. |

➡ _____

11 그림을 보고 만들 수 있는 곱셈식이 아닌 것은 어느 것인가요? (　　　)

① $8×3=24$　　② $7×3=21$

③ $6×4=24$　　④ $4×6=24$

⑤ $3×8=24$

12 다음과 같은 포장지로 선물을 포장하려고 합니다. 포장지에 있는 별 무늬는 모두 몇 개인가요?

(　　　　　　　)

13 나타내는 것이 나머지와 다른 하나를 찾아 기호를 쓰세요. (　　　)

> ㉠ $5×6$　㉡ 5씩 6묶음
> ㉢ 5의 5배　㉣ $5+5+5+5+5+5$

14 나타내는 수를 비교하여 ○ 안에 >, <를 알맞게 써넣으세요.

| $5×5$　○　7 곱하기 4 |

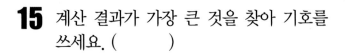

15 계산 결과가 가장 큰 것을 찾아 기호를 쓰세요. (   )

> ㉠ **3**의 **9**배   ㉡ **6**씩 **5**줄
> ㉢ **2**+**2**+**2**+**2**+**2**+**2**+**2**+**2**

16 그림을 보고 만들 수 있는 곱셈식을 **2**가지 쓰세요.

$3 \times \boxed{} = \boxed{}$

$5 \times \boxed{} = \boxed{}$

17 성냥개비를 사용하여 오른쪽 그림과 같은 사각형 **8**개를 만들려고 합니다. 필요한 성냥개비는 모두 몇 개인지 구하세요.

(   )

18 파란색 선과 빨간색 선이 만나는 곳에 점을 찍어 놓았는데 물을 쏟아 일부가 지워졌습니다. 원래 찍은 점은 모두 몇 개인가요?

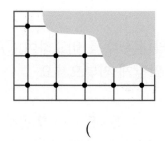

(   )

서술형

19 참새 **6**마리와 토끼 **4**마리가 있습니다. 참새와 토끼의 다리는 모두 몇 개인지 풀이 과정을 쓰고 답을 구하세요.

풀이 _____

_____

_____

답 _____

20 웅이는 가영이가 가지고 있는 구슬의 **2**배를 가지고 있습니다. 동민이는 웅이가 가지고 있는 구슬의 **4**배를 가지고 있습니다. 가영이가 구슬을 **4**개 가지고 있다면, 동민이가 가지고 있는 구슬은 몇 개인지 풀이 과정을 쓰고 답을 구하세요.

풀이 _____

_____

_____

답 _____

Memo

Memo

상위권 도약을 위한
길라잡이

왕수학

실력편

정답과 풀이

2-1

(주)에듀왕

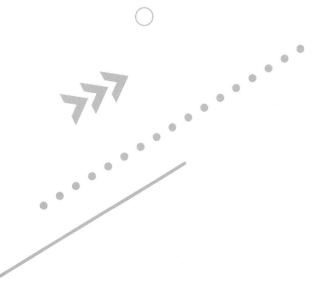

정답과 풀이

1 세 자리 수 ·················· 2쪽

2 여러 가지 도형 ·················· 7쪽

3 덧셈과 뺄셈 ·················· 12쪽

4 길이 재기 ·················· 19쪽

5 분류하기 ·················· 23쪽

6 곱셈 ·················· 27쪽

2-1

1. 세 자리 수

1 (1) **10** (2) **1**   **2** (1) **100** (2) 백

3 700, 칠백

4 (1) 200 (2) 600 (3) 900

5 (1) 팔백사십일 (2) 육백구십칠 (3) 730 (4) 329

6 (1) 백, 800 (2) 십, 70 (3) 일, 4

7 (1) 257, 267, 277 (2) 889, 899, 909

8 (1) 356, 456, 556 (2) 599, 699, 899

9 (큽니다, 작습니다)

2 (1) **100**은 **10**이 **10**개인 수입니다.

유형1 10, 백

1-1 (1) **100** (2) **1**

1-2 (1) 99, 100 (2) 80, 100

1-3 (1) 80 (2) 100

1-4 (선 연결)

1-5 ㉣

1-6 10장

1-7 100개

유형2 (1) 300 (2) 8

2-1 (1) 400 (2) 6

2-2 800, 팔백

2-3 500, 600, 800

2-4 (1) 오백 (2) 구백 (3) 6 (4) 8

2-5 (1) (×) (2) (○) (3) (×)

2-6 (선 연결)

유형3 468, 사백육십팔

3-1 357

3-2 (1) 오백삼십팔 (2) 이백칠십

3-3 (1) 602 (2) 846

3-4 287

3-5 594원

3-6 (   )
    (○)

3-7 6, 5

3-8 (왼쪽부터) 700, 2, 20, 5

유형4 (1) 100 (2) 10 (3) 1

4-1 (1) 500, 700 (2) 275, 475

4-2 (1) 190, 220 (2) 758, 788

4-3 (1) 427, 527 (2) 870, 880, 900

    (3) 731, 732, 735

유형5 (1) > (2) < (3) >

5-1 >

5-2 (1) > (2) <

5-3 한별

1-4 • 십 모형이 **9**개, 낱개 모형이 **6**개이므로 **96**입니다.
• **10**원짜리 동전이 **7**개이므로 **70**원입니다.
• 지우개가 한 상자에 **10**개씩 **10**상자로 **100**개입니다.

1-5 ㉠, ㉡, ㉢은 **100**, ㉣은 **90**입니다.

1-6 **100**은 **90**보다 **10**만큼 더 큰 수입니다. 따라서 유승이는 우표 **10**장을 더 모아야 합니다.

1-7 **10**개씩 **10**묶음은 **100**개입니다.

2-5 백 모형이 **3**개이고, 십 모형이 **6**개이므로 **300**보다 크고 **400**보다 작습니다.
300보다는 십 모형이 **6**개 더 많고 **400**보다는 십 모형이 **4**개 더 적으므로 **400**에 더 가깝습니다.

2-6 **100**이 **6**개인 수는 **600**, **100**이 **5**개인 수는 **500**, **100**이 **4**개인 수는 **400**입니다.

3-1 백 모형이 **3**개이면 **300**, 십 모형이 **5**개이면 **50**, 낱개 모형이 **7**개이면 **7**이므로 모두 **357**입니다.

3-2 자리의 숫자가 **0**인 경우에는 그 자리를 읽지 않습니다.

3-3 읽지 않은 자리에는 숫자 **0**을 씁니다.

3-5 100원짜리가 5개이면 500원, 10원짜리가 9개이면 90원, 1원짜리가 4개이면 4원입니다.

4-1 100씩 뛰어서 세면 백의 자리 숫자가 1씩 커집니다.

4-2 10씩 뛰어서 세면 십의 자리 숫자가 1씩 커집니다.

4-3 (1) 100씩 뛰어 세기 한 것입니다.
(2) 10씩 뛰어 세기 한 것입니다.
(3) 1씩 뛰어 세기 한 것입니다.

유형5 (1) 백의 자리 숫자가 클수록 큰 수입니다.
(2) 백의 자리 숫자가 같으면 십의 자리 숫자가 클수록 큰 수입니다.
(3) 백의 자리, 십의 자리끼리 숫자가 같으면 일의 자리 숫자가 클수록 큰 수입니다.

5-2 (1) (세 자리 수) > (두 자리 수)
(2) 398 < 399
　　└8<9┘

5-3 백의 자리 숫자를 비교합니다.
312 > 270
└3>2┘

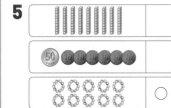

기본 유형 다지기 　12~17쪽

1 100, 백　　　　**2** (1) 100　(2) 10

3 10, 백

4 (1) 70, 90, 100
(2) 98, 99, 100

5

6 20개　　　　　**7** (1) 600　(2) 800

8 5, 500　　　　**9** (1) 4　(2) 20

10 (1) 사백　(2) 육백　　**11** (1) 200　(2) 500

12 700원

13 (1) (○)　(2) (×)　(3) (×)

14 450

---

15 (1) 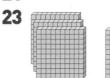 300 | 371 | 400
(2) 700 | 725 | 800

16 900장　　　　　**17** 385

18 645　　　　　　**19** 594

20 (1) 3, 300　(2) 9, 90　(3) 2, 2

21 ④　　　　　**22** 사백팔십이

23

24 275, 이백칠십오

25 905　　　　　　**26** 769

27 (위쪽부터) 6, 1, 6 / 600, 10, 6

28 ②, ④　　　　　**29** ②

30 3개　　　　　　**31** 430, 460

32 100

33 (1) 446, 546, 646
(2) 667, 697
(3) 985, 986

34 372

35 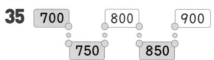 700 ─ 800 ─ 900
　　　　　750 　 850

36 562　　　　　**37** ㉢

38 10개　　　　　**39** (1) <　(2) <　(3) >

40 남자　　　　　**41** ㉠

42 (1) (　)(○)(　)
(2) (○)(　)(　)

43 (294, ⃝567, 383, ⃝461)

44 ㉣, ㉢, ㉡, ㉠　　　**45** 효근

46 (⃝0, ⃝1, ⃝2, ⃝3, 4, 5)

---

1 99보다 1만큼 더 큰 수는 100이고, 백이라고 읽습니다.

5 구슬이 10개씩 10묶음이므로 100입니다. 수 모형은 90이고, 동전의 금액의 합은 110원입니다.

6 100은 80보다 20만큼 더 큰 수입니다. 따라서 석기는 구슬 20개를 더 모아야 합니다.

9 (1) 400은 100이 4개인 수입니다.

(2) 10이 10개인 수가 100이므로 10이 20개인 수는 200입니다.

12 10원짜리 동전 10개는 100원이므로 모두 700원입니다.

13 (2) 600은 100이 6개인 수입니다.
(3) 10이 2개이면 20입니다.

14 400과 500의 중간 수는 450입니다.

15 (1) 300과 400의 중간 수는 350이고 371은 350보다 크므로 400에 더 가깝습니다.
(2) 700과 800의 중간 수는 750이고 725는 750보다 작으므로 700에 더 가깝습니다.

16 100이 9개인 수는 900이므로 9상자에는 색종이가 900장 들어 있습니다.

17 100이 3개, 10이 8개, 1이 5개인 수는 385입니다.

18 100원짜리 동전 6개는 600원, 10원짜리 동전 4개는 40원, 1원짜리 동전 5개는 5원으로 모두 645원입니다.

25 100이 9개 ⇨ 900
10이 0개 ⇨   0
1이 5개 ⇨   5
       905

26 6<u>3</u>8 ⇨ 600, 40<u>6</u> ⇨ 6, 6<u>0</u>8 ⇨ 600, 7<u>6</u>9 ⇨ 60

28 ① 52<u>7</u> ⇨ 7   ② <u>7</u>38 ⇨ 700   ③ 3<u>7</u>3 ⇨ 70
④ <u>7</u>49 ⇨ 700   ⑤ 60<u>7</u> ⇨ 7

29 ① <u>3</u>84 ⇨ 300   ② 80<u>3</u> ⇨ 3   ③ 5<u>3</u>9 ⇨ 30
④ 2<u>3</u>0 ⇨ 30   ⑤ 4<u>3</u>7 ⇨ 30

30 숫자 4가 400을 나타내는 수는 423, 480, 495로 3개입니다.

31 10씩 뛰어서 센 것이므로 십의 자리 숫자가 1씩 커집니다.

32 백의 자리 숫자가 1씩 커지므로 100씩 뛰어서 센 것입니다.

33 (1)은 백의 자리 숫자가 1씩 커졌으므로 100씩 뛰어 센 것입니다.
(2)는 십의 자리 숫자가 1씩 커졌으므로 10씩 뛰어 센 것입니다.
(3)은 일의 자리 숫자가 1씩 커졌으므로 1씩 뛰어 센 것입니다.

34 332 − 342 − 352 − 362 − 372

35 50씩 뛰어 센 규칙입니다.

36 558부터 1씩 뛰어 세므로
558 − 559 − 560 − 561 − ㉠에서
㉠은 561 다음의 562입니다.

37 ㉠ 1000은 999보다 1만큼 더 큰 수입니다.
㉡ 1000은 990보다 10만큼 더 큰 수입니다.

38 1000은 990보다 10만큼 더 큰 수입니다.

39 백의 자리 ⇨ 십의 자리 ⇨ 일의 자리의 순서대로 숫자의 크기를 차례대로 비교합니다.

40 545 > 533
   └4>3┘

41 ㉠ 100이 9개, 10이 3개, 1이 6개인 수는 936입니다.
㉡ 100이 9개, 10이 3개, 1이 4개인 수는 934입니다.
⇨ 936 > 934

42 (1) 252 > 235 > 187
(2) 447 > 436 > 419

43 426 > 294, 426 < 567, 426 > 383, 426 < 461

44 401 > 310 > 306 > 260이므로
㉣ > ㉢ > ㉡ > ㉠입니다.

45 267 < 320이므로 오늘 하루 동안 줄넘기를 더 많이 넘은 사람은 효근이입니다.

step 4 응용실력기르기   18~21쪽

1 ㉡, ㉢, ㉣   **2** ㉢

3 20개   **4** 700

5 13

6 (1)~(2)

(3) 725

7 627, 육백이십칠   **8** 833개

9 505   **10** ㉡, ㉣

11 450 — 500 — 550 — 600 — 650 — 700 — 750

12 750원

13 <   **14** ㉠, ㉡, ㉢, ㉣

15 8, 9

1 ㉠ 100이 10개인 수 : 1000
㉡ 90보다 10만큼 더 큰 수 : 100
㉢ 10개씩 10묶음 : 100
㉣ 10이 9개, 1이 10개인 수 : 100
㉤ 10이 100개인 수 : 1000
㉥ 99보다 1만큼 더 작은 수 : 98

2 ㉠ 100은 95보다 5만큼 더 큰 수입니다.
㉡ 10이 10개이면 100입니다.
㉢ 100보다 10만큼 더 작은 수는 90입니다.
  ⇨ 5＜10＜90

3 100은 10이 10인 수이므로 감은 10개씩 2줄이 더 있어야 합니다. 따라서 감은 20개가 더 필요합니다.

4 100이 4개인 수는 400이므로 400보다 300만큼 더 큰 수는 400-500-600-700으로 700입니다.

5 ㉠=5, ㉡=8이므로 ㉠+㉡=5+8=13입니다.

6 (3) 두 가지 색이 모두 칠해진 수는 백의 자리 숫자가 7이고 일의 자리 숫자가 5인 725입니다.

7 100이 3개 ⇨ 300
10이 32개 ⇨ 320
  1이 7개 ⇨   7
      627 ⇨ 읽기 : 육백이십칠

8 사탕이 100개씩 6봉지이므로 600개, 10개씩 23봉지이므로 230개, 낱개로 3개입니다.
따라서 사탕은 모두 833개입니다.

10 ㉠ 986에서 10만큼 뛰어 센 수는 996입니다.
㉡ 492에서 10만큼 뛰어 센 수는 502이므로 오백이라고 읽습니다.

11 650에서 두 번 뛰어 센 수가 750이므로 한 번에 50씩 뛰어 세기 하는 규칙임을 알 수 있습니다.

12 450에서 100씩 3번 뛰어 센 수를 구합니다. 100씩 뛰어서 세면 백의 자리 숫자가 1씩 커집니다.
450-550-650-750이므로 100원짜리 동전 3개를 더 넣으면 저금통에 들어 있는 돈은 모두 750원이 됩니다.

13 100이 6개, 10이 6개, 1이 18개인 수는 678입니다.
100이 5개, 10이 19개, 1이 2개인 수는 692입니다.
백의 자리 숫자가 6으로 같으므로 십의 자리 숫자가 큰 수가 큽니다.

14 ㉠ 153보다 100만큼 더 큰 수 : 253
㉡ 258보다 10만큼 더 작은 수 : 248
㉢ 346보다 100만큼 더 작은 수 : 246

㉣ 199보다 1만큼 더 큰 수 : 200
따라서 253 > 248 > 246 > 200입니다.
  ⇨ ㉠ > ㉡ > ㉢ > ㉣

15 일의 자리 숫자가 4 < 6이므로 ☐ 안에는 8이거나 8보다 큰 숫자가 들어가야 합니다. 따라서 ☐ 안에는 8, 9가 들어갈 수 있습니다.

---

step 5 응용실력 높이기 22~25쪽

01 763, 306
02 752, 792
03 367 387 407 427 447 467 487
04 ㉢, ㉣, ㉡, ㉠
05 358
06 355
07 ㉠ : 398, ㉡ : 518
08 860, 840, 820
09 19개
10 성현
11 5, 6
12 2개

01 7>6>3>0이므로 만들 수 있는 가장 큰 세 자리 수는 763입니다. 0<3<6<7이고 0은 백의 자리에 올 수 없으므로 만들 수 있는 가장 작은 세 자리 수는 306입니다.

02 가장 큰 숫자부터 순서대로 쓰면 752입니다. 752보다 40만큼 더 큰 수는 752에서 10씩 4번 뛰어서 센 수이므로 752-762-772-782-792에서 792입니다.

03 367에서 2번 뛰어 세어 407이 되었으므로 20씩 뛰어 센 것입니다.

04 ㉠ 100이 5개, 10이 8개, 1이 2개인 수 : 582
㉡ 오백이십팔 : 528
㉢ 410에서 30씩 2번 뛰어서 센 수 : 470
㉣ 500보다 20만큼 더 작은 수 : 480
따라서 470<480<528<582이므로 가장 작은 수부터 순서대로 기호를 쓰면 ㉢, ㉣, ㉡, ㉠입니다.

05 어떤 수보다 100만큼 더 작은 수는 248이므로 어떤 수는 248보다 100만큼 더 큰 수인 348입니다. 따라서 어떤 수보다 10만큼 더 큰 수는 358입니다.

06 십의 자리 숫자가 5이고, 십의 자리 숫자와 일의 자리 숫자가 같으므로 일의 자리 숫자도 5입니다. 백의 자리 숫자와 일의 자리 숫자의 합이 8이므로 백의 자리 숫자는 8-5=3입니다. 따라서 백의 자리 숫자가 3, 십의 자리 숫자가 5, 일의 자리 숫자가 5이므로 주어진 조건을 만족하는 세 자리 수는 355입니다.

 정답과 풀이

07 378에서 눈금 두 칸만큼 뛰어 세면 418이므로 눈금 두 칸의 크기는 40이고 눈금 한 칸의 크기는 20입니다.
㉠이 나타내는 수는 378에서 20만큼 더 뛰어 센 수이므로 398이고 ㉡이 나타내는 수는 458에서 20씩 3번 뛰어 센 수이므로 458−478−498−518에서 518입니다.

08 840, 860, 820 중에서 847보다 큰 수는 860입니다.
840, 820 중에서 831보다 큰 수는 840입니다.
남은 수 820은 819보다 더 큰 수입니다.

09 일의 자리에 숫자 6이 있는 수 : 406, 416, 426, …, 496(10개)
십의 자리에 숫자 6이 있는 수 : 460, 461, 462, …, 469(10개)
그런데 466에는 일의 자리와 십의 자리에 6이 있으므로 6이 들어 있는 수는 모두 10+10−1=19(개)입니다.

10 100원짜리 동전 4개는 400원, 10원짜리 동전 7개는 70원, 1원짜리 동전 5개는 5원이므로 성현이가 갖고 있는 돈은 475원입니다. 100원짜리 동전 2개는 200원, 200원부터 50원짜리 동전 5개를 뛰어서 세어 보면 200원−250원−300원−350원−400원−450원이고 1원짜리 동전 3개는 3원이므로 준우는 453원을 갖고 있습니다. 따라서 475>453으로 성현이가 더 많은 돈을 갖고 있습니다.

11 • 33□ < 337에서 백의 자리 숫자, 십의 자리 숫자가 같으므로 일의 자리 숫자를 비교하면 □ < 7입니다. 따라서 □ 안에 들어갈 수 있는 숫자는 0, 1, 2, 3, 4, 5, 6입니다.
• 485 < □50에서 백의 자리 숫자를 비교하면 □=4일 때 485 > 450이므로 4<□입니다. 따라서 □ 안에 들어갈 수 있는 숫자는 5, 6, 7, 8, 9입니다.
➡ □ 안에 공통으로 들어갈 수 있는 숫자는 5, 6입니다.

12 십의 자리 숫자가 80, 일의 자리 숫자가 7이므로 주어진 조건의 세 자리 수는 □87입니다.
352 < □87 < 524를 만족하는 □의 값은
352 < 387 < 524, 352 < 487 < 524로 3, 4입니다. 따라서 조건을 만족하는 수는 387, 487로 2개입니다.

단원평가   26~28쪽

1 사백오십이, 칠백삼

2

오백	육백	칠백	팔백	구백
500	600	700	800	900

3 ㉠

4

백의 자리	십의 자리	일의 자리	수
6	4	7	647
1	0	5	105
9	2	4	924

5 5, 50

6

	백의 자리	십의 자리	일의 자리
숫자	5	8	4

7 ④

8 334 — 434 — 534 — 634 — 734

9 (1) 500 (2) 900   **10** (1) < (2) >

11 600, 609, 699   **12** 462, 사백육십이

13 475개   **14** ㉡, ㉣, ㉠, ㉢

15 48   **16** 600권

17 580원   **18** 507

19 풀이 참조 / 가장 큰 수 : 531, 가장 작은 수 : 135

20 풀이 참조 / 586

3 ㉠ 50 ㉡ 500 ㉢ 500

7 ① 35 ⇨ 30 ② 230 ⇨ 30 ③ 432 ⇨ 30
④ 309 ⇨ 300 ⑤ 438 ⇨ 30

8 100씩 뛰어 세면 백의 자리 숫자가 1씩 커집니다.

10 (1) 372 > 810
   3<8
(2) 백의 자리 숫자가 6으로 같으므로 십의 자리 숫자의 크기를 비교합니다.
645 > 629
  4>2

13 100이 3개이면 300, 10이 17개이면 170, 1이 5개이면 5입니다. 따라서 수수깡은 모두 475개입니다.

14 백의 자리 숫자를 비교하면 3<4<5이므로 508이 가장 크고 399가 가장 작습니다. 백의 자리 숫자가 같은 462와 470의 십의 자리 숫자를 비교합니다. 6<7이므로 462<470입니다.
따라서 508>470>462>399이므로 큰 수부터 순서대로 기호를 쓰면 ㉡, ㉣, ㉠, ㉢입니다.

6 • 수학 2-1

15

30	31	32	33	34
35	36	37	38	39
40	41	42	43	44
45	46	47	48⊙	49

가로줄은 1씩, 세로줄은 5씩 커지는 규칙이므로 33
에서 아래로 3칸 내려온 수는 33에서 5씩 3번 뛰어
서 센 수입니다.

⇨ 33-38-43-48

16 공책은 모두 4+2=6(상자)이고, 100권씩 6상자이
면 공책은 600권입니다.
따라서 공책은 모두 600권입니다.

17 100이 5개이면 500 ┐
　　10이 8개이면 　80 ┘ 580
따라서 한초가 가지고 있는 돈은 모두 580원입니다.

18 백의 자리 숫자와 일의 자리 숫자가 각각 1씩 커지는
규칙입니다.
103-204-305-406-507이므로 ⊙에 알맞
은 수는 507입니다.

19 ⑩ 가장 큰 수는 백의 자리, 십의 자리, 일의 자리에
큰 숫자부터 순서대로 쓴 531입니다. 가장 작은
수는 백의 자리, 십의 자리, 일의 자리에 작은 숫
자부터 순서대로 쓴 135입니다.

20 ⑩ 100이 5개, 10이 2개, 1이 6개인 수는 526입
니다.
10씩 뛰어서 세면 십의 자리 숫자가 1씩 커지므
로 526에서 10씩 6번 뛰어 센 수는
526-536-546-556-566-576
-586으로 586입니다.

2. 여러 가지 도형

step 1 개념 확인하기　　30~31쪽

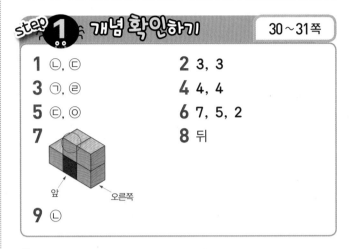

1 ⓛ, ⓒ　　　　　　**2** 3, 3
3 ⊙, ⓔ　　　　　　**4** 4, 4
5 ⓒ, ⓜ　　　　　　**6** 7, 5, 2
7 (그림)　　　　　　**8** 뒤
9 ⓛ

9 ⊙ : 4개, ⓛ : 3개, ⓒ : 4개

step 2 기본 유형 익히기　　32~35쪽

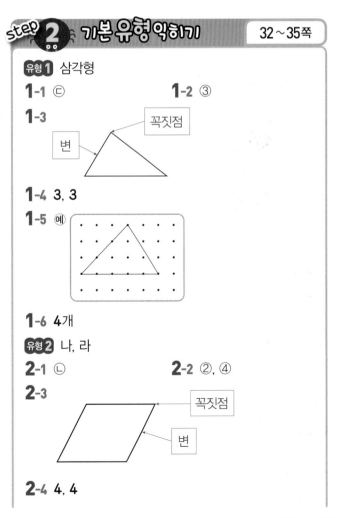

유형 1　삼각형
1-1 ⓒ　　　　　　**1-2** ③
1-3 (그림) 꼭짓점, 변
1-4 3, 3
1-5 ⑩ (그림)
1-6 4개
유형 2　나, 라
2-1 ⓛ　　　　　　**2-2** ②, ④
2-3 (그림) 꼭짓점, 변
2-4 4, 4

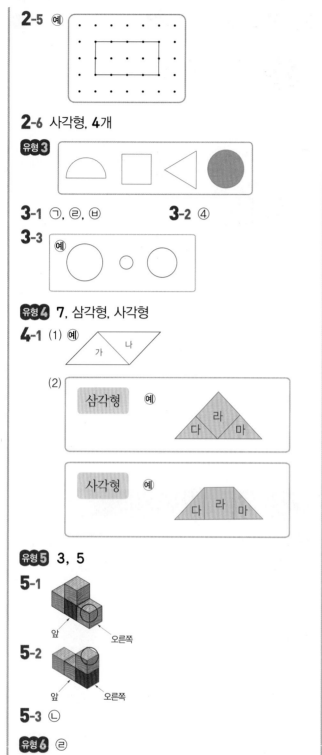

2-5 (예)

2-6 사각형, 4개

유형3

3-1 ㉠, ㉣, ㉤   **3-2** ④

3-3 (예)

유형4 7, 삼각형, 사각형

4-1 (1) (예)

(2)

삼각형	(예)

사각형	(예)

유형5 3, 5

5-1

앞   오른쪽

5-2

앞   오른쪽

5-3 ㉡

유형6 ㉣

6-1 (1) 앞   (2) 위

1-1 곧은 선 **3**개로 이루어진 물건을 찾으면 ㉡입니다.

1-2 ③ 삼각형은 곧은 선으로만 이루어져 있습니다.

1-6 점선을 따라 자르면 삼각형이 **4**개 생깁니다.

유형2 **4**개의 변과 **4**개의 꼭짓점이 있는 도형은 나, 라입니다.

2-1 곧은 선 **4**개로 이루어진 물건을 찾으면 ㉡입니다.

2-2 ① 사각형은 변이 **4**개입니다.
③ 사각형은 곧은 선으로만 이루어져 있습니다.
⑤ □ 모양입니다.

2-4 주어진 도형은 사각형이므로 변의 개수는 **4**개, 꼭짓점의 개수는 **4**개입니다.

2-6 점선을 따라 자르면 사각형이 **4**개 생깁니다.

3-1 유리컵, 음료수 캔, 냄비뚜껑을 종이 위에 대고 본을 뜨면 원을 그릴 수 있습니다.

3-2 ④ 크기는 다르지만 생긴 모양이 같습니다.

step 3 기본유형 다지기   36~41쪽

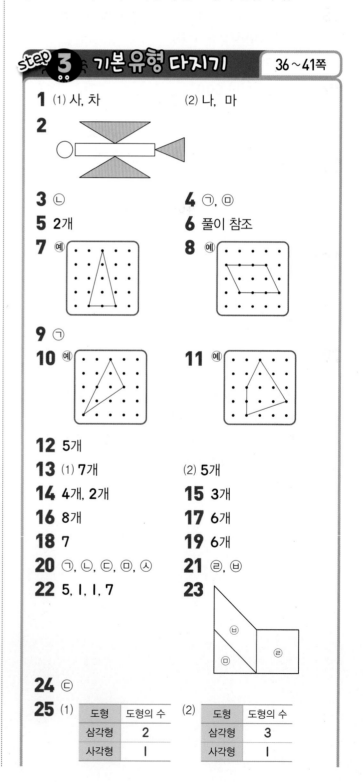

1 (1) 사, 차   (2) 나, 마

2

3 ㉡   **4** ㉠, ㉢

5 2개   **6** 풀이 참조

7 (예)   **8** (예)

9 ㉠

10 (예)   **11** (예)

12 5개

13 (1) 7개   (2) 5개

14 4개, 2개   **15** 3개

16 8개   **17** 6개

18 7   **19** 6개

20 ㉠, ㉡, ㉢, ㉣, ㉧   **21** ㉣, ㉤

22 5, 1, 1, 7   **23**

24 ㉡

25 (1)

도형	도형의 수
삼각형	2
사각형	1

(2)

도형	도형의 수
삼각형	3
사각형	1

26 ㈜

27 ㈜

28 ㈜

29 ㉢

30 (1) (2)

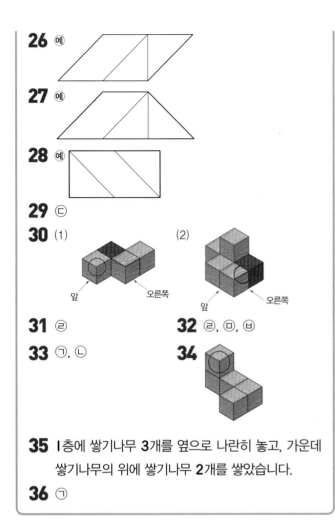

앞 오른쪽 앞 오른쪽

31 ㉣ **32** ㉣, ㉤, ㉥

33 ㉠, ㉡ **34**

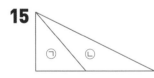

35 1층에 쌓기나무 3개를 옆으로 나란히 놓고, 가운데 쌓기나무의 위에 쌓기나무 2개를 쌓았습니다.

36 ㉠

3 ㉡ 사각형에는 굽은 선이 없습니다.

6 ㈜ • 원에는 뾰족한 부분이 없는데 뾰족한 부분이 있 기 때문입니다.
• 원에는 곧은 선이 없는데 곧은 선이 있기 때문입 니다.

12 삼각형 : 8개, 사각형 : 3개, 원 : 5개
따라서 가장 많은 도형은 가장 적은 도형보다
8-3=5(개) 더 많습니다.

15

㉠, ㉡, ㉠+㉡이므로 3개 입니다.

17 삼각형 : 8개, 사각형 : 2개 ⇨ 8-2=6(개)

18 ♥+★=3+4=7

19

㉠, ㉡, ㉢, ㉠+㉡,
㉡+㉢, ㉠+㉡+㉢
이므로 모두 6개입니다.

29

 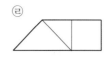

31 3층으로 쌓은 것은 ㉡과 ㉣이고 이 중 1층의 쌓기나 무의 수가 3개인 것은 ㉣입니다.

1 6개 **2** 14
3 ㉢, ㉣ **4** ㉡
5 삼각형 **6** 6개
7 3개 **8** 8개
9 7개 **10** 8개
11 16개 **12** 17개
13 ㈜

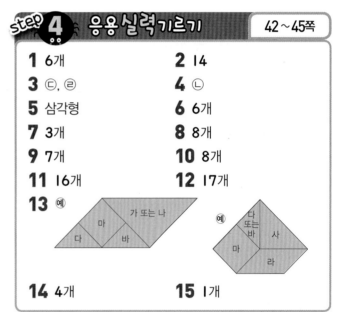

가 또는 나
마 바
다

다 또는 바 사
마 라

14 4개 **15** 1개

㉡ 원의 모양은 모두 같고 크기만 다릅니다.
㉤ 원에는 뾰족한 부분이 없으므로 꼭짓점이 존재하 지 않습니다.

4 ㉡ 사각형은 삼각형보다 꼭짓점이 1개 더 많습니다.

5 점선을 따라 오린 후 ㉮ 부분을 펼치면
오른쪽과 같은 도형이 되므로
㉮ 부분을 펼쳤을 때 생기는 도형은 삼각형입니다.

6 원 : 3개, 삼각형 : 2개, 사각형 4개
⇨ 2+4=6(개)

7 원 : 5개, 삼각형 : 3개, 사각형 2개
⇨ 5-2=3(개)

8 그림에서 찾을 수 있는 사각형은 ①, ②, ③, ④, ⑤,
⑥, ②+③, ④+⑤이므로 모두 8개입니다.

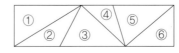

9 색종이를 접었다가 펼치면 오른쪽과 같이 접힌 자국이 생깁니다. 따라서 접힌 자국을 따라 자르면 삼각형과 사각형을 만들 수 있습니다.

삼각형 →
사각형 →

⇨ 3+4=7(개)

10 종이를 점선을 따라 자르면 삼각형은 8개가 생깁니다.

11 종이를 점선을 따라 자르면 사각형은 16개가 생깁니다.

12 그림에서 사용된 도형은 원 1개, 삼각형 3개, 사각형 2개입니다. 원은 꼭짓점이 없으므로 사용된 꼭짓점 수의 합은 3+3+3+4+4=17(개)입니다.

14 왼쪽 모양에서 사용한 쌓기나무는 1층에 3개입니다. 오른쪽 모양에서 사용한 쌓기나무는 1층에 5개, 2층에 2개로 5+2=7(개)입니다. 따라서 더 필요한 쌓기나무는 7-3=4(개)입니다.

15 보이는 쌓기나무는 1층에 3개, 2층에 1개로 모두 3+1=4(개)입니다. 따라서 앞에서 봤을 때 보이지 않는 쌓기나무는 5-4=1(개)입니다.

step 5 응용실력 높이기 46~49쪽

01 4개

02 5개

03 10개

04 예)

05 2개

06 18개

07 18개

08 8

09 예)

바 / 사 / 다 / 가 / 나 / 라

10 18개

11 ㉡

12 ㉠

01 △○□가 반복되는 규칙이므로 15째에 놓이는 도형은 사각형입니다. 따라서 15째에 놓이는 도형의 변은 4개입니다.

02 오른쪽 모양을 왼쪽 도형으로 빈틈없이 나누어 보면 주어진 그림과 같으므로 사용한 왼쪽 도형은 5개입니다.

03 아래 그림에서 찾을 수 있는 사각형은 ①, ②, ③, ④, ①+②, ②+③, ③+④, ①+②+③, ②+③+④, ①+②+③+④로 모두 10개입니다.

| ① | ② | ③ | ④ |

05 색종이를 점선을 따라 변이 4개인 도형은 8개, 변이 3개인 도형은 6개입니다. ⇨ 8-6=2(개)

06 그림에서 사용된 도형을 알아보면 삼각형은 6개, 사각형은 2개, 원은 2개입니다. 가장 많이 사용된 도형은 삼각형이므로 주어진 그림에서 삼각형의 변의 수를 모두 세어 보면 3+3+3+3+3+3=18(개)입니다.

07 • 그림에서 사용된 크고 작은 1개짜리 삼각형
⇨ ①, ②, ③, ④, ⑤, ⑥, ⑦, ⑧
• 그림에서 사용된 크고 작은 2개짜리 삼각형
⇨ ①+②, ②+③, ③+④, ①+④, ⑤+⑥, ⑥+⑦, ⑦+⑧, ⑤+⑧
• 그림에서 사용된 크고 작은 4개짜리 삼각형
⇨ ①+④+⑥+⑤, ③+④+⑥+⑦
따라서 사용된 크고 작은 삼각형은 모두 8+8+2=18(개)입니다.

08 짝지어진 두 도형의 변 또는 꼭짓점의 수의 합을 구하는 규칙입니다.
따라서 ○ 안에 알맞은 수는 4+4=8입니다.

10 만들 수 있는 삼각형 을 알아보면 다음과 같습니다.

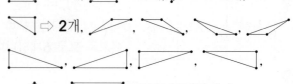

⇨ 2개, ⇨ 2개, ⇨ 2개,

⇨ 2개, 로 모두 18개입니다.

11
- 1층의 쌓기나무가 **3**개인 것은 ㉠, ㉡입니다.
- **3**층으로 쌓은 쌓기나무는 ㉡입니다.
- ㉡에는 앞에서 보았을 때 보이지 않는 쌓기나무 한 개가 1층에 있습니다.

12 ㉠의 쌓기나무에서 **3**층에 쌓기나무 한 개를 더 쌓고, 1층의 앞부분에 쌓기나무 한 개를 더 놓으면 같은 모양이 됩니다.

단원평가   50~52쪽

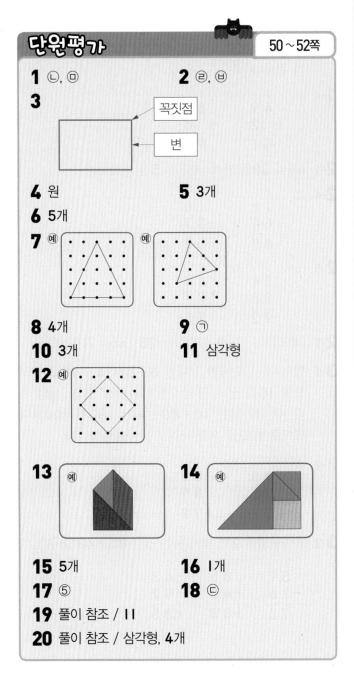

1 ㉡, ㉢   **2** ㉣, ㉥

3
꼭짓점
변

4 원   **5** 3개

6 5개

7 예

8 4개   **9** ㉠

10 3개   **11** 삼각형

12 예

13 예   **14** 예

15 5개   **16** 1개

17 ⑤   **18** ㉢

19 풀이 참조 / 11

20 풀이 참조 / 삼각형, 4개

---

1 곧은 선으로만 이루어져 있고 변과 꼭짓점이 각각 **3**개인 도형을 찾습니다.

2 곧은 선으로만 이루어져 있고 변과 꼭짓점이 각각 **4**개인 도형을 찾습니다.

3 곧은 선을 변이라 하고, 뾰족한 부분을 꼭짓점이라고 합니다.

4 어느 쪽에서 보아도 동그란 모양인 도형을 원이라고 합니다.

5 원은 가, 라, 바로 모두 **3**개입니다.

8  삼각형은 나, 다, 라, 바입니다. 가, 마는 사각형입니다.

9 ㉠은 사각형으로 변과 꼭짓점이 각각 **4**개씩으로 가장 많습니다.

10 네 점을 꼭짓점으로 하는 사각형의 변을 따라 자르면 **3**개의 삼각형이 생깁니다.

11 곧은 선과 곧은 선이 만나는 점은 꼭짓점입니다. 따라서 변이 **3**개이고 꼭짓점이 **3**개인 도형은 삼각형입니다.

15 1층 : **3**개, 2층 : 1개, 3층 : 1개
(필요한 쌓기나무의 개수)=3+1+1=**5**(개)

16 보이는 쌓기나무는 1층에 **2**개, 2층에 1개, 3층에 1개로 모두 2+1+1=**4**(개)입니다. 따라서 오른쪽에서 보았을 때 보이지 않는 쌓기나무는
5−4=1(개)입니다.

17 ⑤는 화살표 방향에서 본 모양이다.

18 ㉠ ㉡ ㉢

19 예 삼각형에서 변은 **3**개이므로 ㉠은 **3**이고, 사각형에서 변과 꼭짓점의 개수의 합은 **8**개이므로 ㉡은 **8**입니다.
따라서 ㉠과 ㉡에 알맞은 두 수의 합은
3+8=11입니다.

20 예 주어진 선을 따라 자르면 변이 **3**개인 도형이 생기므로 삼각형이 만들어집니다.
따라서 삼각형이 모두 4개 생깁니다.

3. 덧셈과 뺄셈

54~55쪽

step 1 개념 확인하기

1 31, 32, 33 / 33 **2** 31

3 73 **4** 1, 5 / 1, 8, 5

5 1 / 1, 4, 7 **6** 1, 2 / 1, 1, 3, 2

7 7, 8 / 7

8 ⃝⃝⃝⃝⃝ ⃝⃝⌀⌀⌀ | ⌀⌀⌀⌀ , 27

9 1, 10, 1, 5

3 십 모형은 6개, 낱개 모형은 13개 있습니다. 낱개 모형 10개는 십 모형 1개로 바꿀 수 있습니다. 따라서 십 모형 7개, 낱개 모형 3개이므로 48+25=73입니다.

step 2 기본 유형 익히기

56~59쪽

유형1 1, 3, 1

1-1 41, 42 / 42

1-2 ⃝⃝⃝⃝⃝ △△△△△ | ⃝⃝△△△ , 25

1-3 43

1-4 (1) 36 (2) 60 (3) 51 (4) 92

1-5 (1) 35 (2) 71

1-6

유형2 1, 9, 4

2-1 ① : 79 ② : 84 **2-2** 80, 11, 91

2-3 (1) 20, 54, 61 (2) 6, 40, 61

2-4 (1) 92 (2) 81 (3) 87 (4) 53

2-5 (1) 92 (2) 75

2-6 **2-7** 71마리

유형3 1, 1, 1, 6

3-1 1, 1, 3, 4

3-2 (1) 148 (2) 152 (3) 171 (4) 172

3-3 ( )(○)( )

3-4 142

3-5 (1) 115 (2) 124

3-6

유형4 5, 10, 5, 5

4-1 24

4-2 ⃝⃝⃝⃝⃝ ⌀⌀⌀⌀⌀ ⃝⃝⃝⃝⌀ | ⌀⌀ , 9

4-3 (1) 27 (2) 58 **4-4** (1) 48 (2) 87

4-5 (1) 57 (2) 76 **4-6** 65

4-7

1-3 일 모형을 더하면 모두 13개이므로 일 모형 10개를 십 모형 1개로 바꾸면 십 모형 4개와 일 모형 3개가 됩니다.

1-4 (3)
49
+ 2
─────
51

(4)
84
+ 8
─────
92

2-1 49와 30을 먼저 더한 후 5를 더합니다.

2-4 (3)
18
+69
─────
87

(4)
16
+37
─────
53

2-5 (1)
1
54
+38
─────
92

(2)
1
48
+27
─────
75

2-7 (백조의 수)+(오리의 수)=25+46=71(마리)

3-1 일의 자리 숫자끼리 더한 6+8=14가 10보다 크므로 10을 십의 자리로 받아올림해 주고, 십의 자리 수끼리 더한 10+80+40=130이 100보다 크므로 100을 백의 자리로 받아올림합니다.

3-2 (3)
1
95
+76
─────
171

(4)
1
83
+89
─────
172

3-3 받아올림을 2번 해야 하는 것은 85+48입니다.

1
59
+16
─────
75

1 1
85
+48
─────
133

1
43
+92
─────
135

3-4

$$\begin{array}{r} {\scriptstyle 1} \\ 6\,5 \\ +\,7\,7 \\ \hline 1\,4\,2 \end{array}$$

3-5 (1)
$$\begin{array}{r} {\scriptstyle 1} \\ 6\,7 \\ +\,4\,8 \\ \hline 1\,1\,5 \end{array}$$
(2)
$$\begin{array}{r} {\scriptstyle 1} \\ 4\,5 \\ +\,7\,9 \\ \hline 1\,2\,4 \end{array}$$

3-6
$$\begin{array}{r} {\scriptstyle 1} \\ 5\,2 \\ +\,6\,9 \\ \hline 1\,2\,1 \end{array}$$
$$\begin{array}{r} {\scriptstyle 1} \\ 8\,9 \\ +\,3\,3 \\ \hline 1\,2\,2 \end{array}$$
$$\begin{array}{r} {\scriptstyle 1} \\ 2\,8 \\ +\,7\,8 \\ \hline 1\,0\,6 \end{array}$$

4-4 (1)
$$\begin{array}{r} {\scriptstyle 4}\;{\scriptstyle 10} \\ 5\,6 \\ -\;\;8 \\ \hline 4\,8 \end{array}$$
(2)
$$\begin{array}{r} {\scriptstyle 8}\;{\scriptstyle 10} \\ 9\,1 \\ -\;\;4 \\ \hline 8\,7 \end{array}$$

4-5 (1) $65-8=57$ (2) $83-7=76$

4-6 $71-6=65$

4-7
$$\begin{array}{r} {\scriptstyle 3}\;{\scriptstyle 10} \\ 4\,2 \\ -\;\;6 \\ \hline 3\,6 \end{array}$$
$$\begin{array}{r} {\scriptstyle 3}\;{\scriptstyle 10} \\ 4\,8 \\ -\;\;9 \\ \hline 3\,9 \end{array}$$
$$\begin{array}{r} {\scriptstyle 3}\;{\scriptstyle 10} \\ 4\,3 \\ -\;\;5 \\ \hline 3\,8 \end{array}$$

step 1 개념 확인하기 60~61쪽

10 (1) 20, 60, 53 (2) 3, 83, 53

11 18

12 5, 10, 4 / 5, 10, 3, 4

13 (1) (○) (2) (×)

14 93, 64 / 93, 29

15 36, 83 / 36, 83

16 (1) 16, 16 (2) 8, 8

12 일의 자리 숫자끼리 뺄셈을 할 수 없으면 십의 자리에서 10을 일의 자리로 받아내림하여 계산합니다.

13 세 수의 덧셈은 계산 순서를 바꾸어 계산해도 되지만 뺄셈이 섞여 있는 계산은 반드시 앞에서부터 차례로 계산합니다.

14 덧셈식은 (부분)+(부분)=(전체)입니다. 이 덧셈식을 (전체)-(부분)=(부분)으로 하여 뺄셈식으로 바꿀 수 있습니다.

15 뺄셈식은 (전체)-(부분)=(부분)입니다. 이 뺄셈식을 (부분)+(부분)=(전체)로 하여 덧셈식으로 바꿀

수 있습니다.

16 (1) □+7=23 ⇨ 23-7=□, □=16
(2) 24-□=16 ⇨ 24-16=□, □=8

step 2 기본 유형 익히기 62~65쪽

유형5 5, 10, 2 / 5, 10, 2, 2

5-1 30, 21 / 40, 9

5-2 42, 32

5-3 ㉠ : 40, ㉡ : 34

5-4 4, 10, 1, 3

5-5 (1) 48 (2) 76

5-6 17, 37, 57

5-7 43

유형6 6, 10, 2, 9

6-1 (1) 36 (2) 28

6-2 36

6-3
(교차 연결선)

6-4 28명

유형7 24, 62, 62

7-1 (1) 90, 65, 65 (2) 25, 54, 54

7-2 (1) 45 (2) 93

7-3 41개

7-4 (1) 64, 64, 36 / 36 (2) 37, 37, 73 / 73
(3) 24, 24, 7 / 7

7-5 43대

7-6 25개

유형8 (1) 84, 37 / 84, 47 (2) 29, 54 / 25, 54

8-1 88, 39 / 88, 49

8-2 25, 72 / 25, 72

8-3 91, 15 / 91, 76, 91, 76

유형9 (1) 16, 16 (2) 8, 8

9-1 □+6=20, 14

9-2 19-□=5, 14

9-3 □+8=32, 24

9-4 4

9-5 4

9-6 (1) 27-□=19 (2) 8개

5-5 (1)
$$\begin{array}{r} {\scriptstyle 5\ 10} \\ \not{6}\,0 \\ -1\,2 \\ \hline 4\,8 \end{array}$$
(2)
$$\begin{array}{r} {\scriptstyle 8\ 10} \\ \not{9}\,0 \\ -1\,4 \\ \hline 7\,6 \end{array}$$

5-6
$$\begin{array}{r} {\scriptstyle 4\ 10} \\ \not{5}\,0 \\ -3\,3 \\ \hline 1\,7 \end{array}$$
$$\begin{array}{r} {\scriptstyle 6\ 10} \\ \not{7}\,0 \\ -3\,3 \\ \hline 3\,7 \end{array}$$
$$\begin{array}{r} {\scriptstyle 8\ 10} \\ \not{9}\,0 \\ -3\,3 \\ \hline 5\,7 \end{array}$$

5-7 ㉠ 80 ㉡ 37 ⇨ 80-37=43

6-1 (1)
$$\begin{array}{r} {\scriptstyle 5\ 10} \\ \not{6}\,5 \\ -2\,9 \\ \hline 3\,6 \end{array}$$
(2)
$$\begin{array}{r} {\scriptstyle 7\ 10} \\ \not{8}\,1 \\ -5\,3 \\ \hline 2\,8 \end{array}$$

6-2 72-36=36

6-3 53-37=16 ⇨ 45-18=27, 61-26=35

6-4 운동장에 있던 어린이 41명 중 13명이 잠시 뒤에
교실로 들어갔으므로 운동장에 남아 있는 어린이는
41-13=28(명)입니다.

7-2 (1)
$$\begin{array}{r} 1 \\ 2\,8 \\ +3\,4 \\ \hline 6\,2 \end{array}$$
→
$$\begin{array}{r} {\scriptstyle 5\ 10} \\ \not{6}\,2 \\ -1\,7 \\ \hline 4\,5 \end{array}$$
(2)
$$\begin{array}{r} {\scriptstyle 7\ 10} \\ \not{8}\,1 \\ -2\,7 \\ \hline 5\,4 \end{array}$$
→
$$\begin{array}{r} 1 \\ 5\,4 \\ +3\,9 \\ \hline 9\,3 \end{array}$$

7-3 35-16+22=19+22=41(개)

7-5 49+12-18=61-18=43(대)

7-6 64-15-24=49-24=25(개)

9-1 □+6=20 ⇨ 20-6=□, □=14

9-2 19-□=5 ⇨ 19-5=□, □=14

9-3 □+8=32 ⇨ 32-8=□, □=24

9-4 12-□=8 ⇨ 12-8=□, □=4

9-5 □+8=12 ⇨ 12-8=□, □=4

9-6 27-□=19 ⇨ 27-19=□, □=8

step 3 기본유형 다지기 66~71쪽

1 1 / 1, 3
2 (1) 62 (2) 76
3 10
4 (1) 55 (2) 42
5 81
6 1, 3 / 1, 7, 3

7 85, 93
8 80, 13, 93
9 (1) 55 (2) 72
10 (1) 91 (2) 93
11 72, 87, 94
12 116
13 132
14 (위에서부터) 123, 125, 131, 117
15 ㉢
16 170송이
17 7, 10, 7, 4
18 (1) 37 (2) 46
19 34
20 ✕
21 24, 24
22 (1) 12 (2) 45
23 37
24 43
25 ✕
26
$$\begin{array}{r} {\scriptstyle 6\ 10} \\ \not{7}\,0 \\ -2\,5 \\ \hline 4\,5 \end{array}$$
, 십의 자리에서 일의 자리로 받아내림을 하지 않았습니다.
27 68, 38
28 3, 34, 37
29 (1) 23 (2) 59
30 16
31 (1) 39 (2) 45
32 (위에서부터) 15, 26, 8, 19
33 (1) 81, 59 / 59 (2) 32, 40 / 40
34 (1) 112 (2) 50 (3) 19 (4) 38
35 (1) 47 (2) 63
36 17, 17, 33
37 ①, ③
38 17+55=72, 55+17=72
39 57, 25
40 55, 35
41 28, 86
42 7
43 9
44 42-□=14, 28
45 15+□=32 , 17개

3 □ 안의 숫자 1은 일의 자리의 계산에서 5+6=11
의 10을 십의 자리로 받아올림한 것이므로 10을 나
타냅니다.

4 (1)
$$\begin{array}{r} 1 \\ 4\,8 \\ +\ 7 \\ \hline 5\,5 \end{array}$$
(2)
$$\begin{array}{r} 1 \\ 3\,7 \\ +\ 5 \\ \hline 4\,2 \end{array}$$

5 75+6=81

10 (1)
$$\begin{array}{r} \overset{\text{\scriptsize 1}}{6}\,3 \\ +2\,8 \\ \hline 9\,1 \end{array}$$
(2)
$$\begin{array}{r} \overset{\text{\scriptsize 1}}{5}\,7 \\ +3\,6 \\ \hline 9\,3 \end{array}$$

11 $43+29=72,\ 58+29=87,\ 65+29=94$

12 $64+48=116$

13 $64+68=132$

14
$$\begin{array}{r} \overset{\text{\scriptsize 1}}{8}\,4 \\ +3\,9 \\ \hline 1\,2\,3 \end{array} \quad \begin{array}{r} \overset{\text{\scriptsize 1}}{4}\,7 \\ +7\,8 \\ \hline 1\,2\,5 \end{array} \quad \begin{array}{r} \overset{\text{\scriptsize 1}}{8}\,4 \\ +4\,7 \\ \hline 1\,3\,1 \end{array} \quad \begin{array}{r} \overset{\text{\scriptsize 1}}{3}\,9 \\ +7\,8 \\ \hline 1\,1\,7 \end{array}$$

15 $65+48=113$으로 계산 결과가 틀린 것은 ㉡입니다.

16 (오전에 판 장미의 수)+(오후에 판 장미의 수)
＝$96+74=170$(송이)

17 일의 자리 숫자 **2**에서 **8**을 뺄 수 없으므로 십의 자리에서 **10**을 받아내림합니다.

19
$$\begin{array}{r} \overset{\text{\scriptsize 3}}{\cancel{4}}\,\overset{\text{\scriptsize 10}}{2} \\ -\quad 8 \\ \hline 3\,4 \end{array}$$

23
$$\begin{array}{r} \overset{\text{\scriptsize 7}}{\cancel{8}}\,\overset{\text{\scriptsize 10}}{0} \\ -4\,3 \\ \hline 3\,7 \end{array}$$

24 $70-27=43$

25 $80-33=47,\ 50-18=32$

29 (1)
$$\begin{array}{r} \overset{\text{\scriptsize 5}}{\cancel{6}}\,\overset{\text{\scriptsize 10}}{2} \\ -3\,9 \\ \hline 2\,3 \end{array}$$
(2)
$$\begin{array}{r} \overset{\text{\scriptsize 7}}{\cancel{8}}\,\overset{\text{\scriptsize 10}}{7} \\ -2\,8 \\ \hline 5\,9 \end{array}$$

30 큰 수에서 작은 수를 빼면 되므로 **52**에서 **36**을 뺍니다.
$$\begin{array}{r} \overset{\text{\scriptsize 4}}{\cancel{5}}\,\overset{\text{\scriptsize 10}}{2} \\ -3\,6 \\ \hline 1\,6 \end{array}$$

31 (1) $73-34=39$
(2) $92-47=45$

32 $63-48=15,\ 55-29=26,$
$63-55=8,\ 48-29=19$

33 세 수의 계산은 받아올림과 받아내림에 주의하여 앞에서부터 차례로 계산해 줍니다.

34 (1) $19+56+37=75+37=112$
(2) $92-18-24=74-24=50$
(3) $25+17-23=42-23=19$

(4) $81-57+14=24+14=38$

35 (1) $35+56=91,\ 91-44=47$
(2) $76-37=39,\ 39+24=63$

36
$$\begin{array}{r} \overset{\text{\scriptsize 3}}{\cancel{4}}\,\overset{\text{\scriptsize 10}}{2} \\ -2\,5 \\ \hline 1\,7 \end{array} \quad \longrightarrow \quad \begin{array}{r} \overset{\text{\scriptsize 1}}{1}\,7 \\ +1\,6 \\ \hline 3\,3 \end{array}$$

37 $55+38=93$을 뺄셈식으로 만들면
$93-38=55,\ 93-55=38$입니다.

38 $72-55=17$을 덧셈식으로 만들면
$17+55=72,\ 55+17=72$입니다.

44 $42-\square=14 \Rightarrow 42-14=\square,\ \square=28$

45 오늘 사 온 귤을 $\square$개라고 하면 $15+\square=32$입니다. 따라서 $15+\square=32,\ 32-15=\square,\ \square=17$이므로 오늘 사 온 귤은 **17**개입니다.

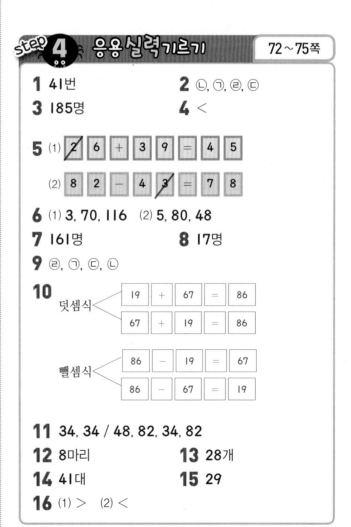

step **4** 응용실력기르기 72~75쪽

1 41번
2 ㉡, ㉠, ㉣, ㉢
3 185명
4 $<$

5 (1) | ~~2~~ | 6 | + | 3 | 9 | = | 4 | 5 |

(2) | 8 | 2 | − | 4 | ~~3~~ | = | 7 | 8 |

6 (1) 3, 70, 116 (2) 5, 80, 48
7 161명
8 17명
9 ㉣, ㉠, ㉢, ㉡

10
덧셈식 —
| 19 | + | 67 | = | 86 |
| 67 | + | 19 | = | 86 |

뺄셈식 —
| 86 | − | 19 | = | 67 |
| 86 | − | 67 | = | 19 |

11 34, 34 / 48, 82, 34, 82
12 8마리
13 28개
14 41대
15 29
16 (1) $>$ (2) $<$

1 $33+8=41$이므로 유승이는 훌라후프를 모두 **41**번 돌렸습니다.

2 ㉠ 74 ㉡ 87 ㉢ 65 ㉣ 72

따라서 계산 결과가 가장 큰 것부터 순서대로 기호를 쓰면 ㉡, ㉠, ㉣, ㉢입니다.

3 89+96=185이므로 예슬이네 학교 2학년 학생은 모두 185명입니다.

4
$$\begin{array}{r} 1 \\ 3\ 6 \\ +2\ 6 \\ \hline 6\ 2 \end{array} \qquad \begin{array}{r} 7\ \ 10 \\ \not{8}\ \not{1} \\ -1\ 8 \\ \hline 6\ 3 \end{array}$$

6 ⑴ 67에 3을 먼저 더한 후, 그 결과에 46을 더한 것입니다.

⑵ 85에서 5를 먼저 뺀 후, 그 결과에서 32를 뺀 것입니다.

7 (4학년 학생 수)+(5학년 학생 수)
=82+79=161(명)

8 가장 많이 참여한 학년은 6학년으로 86명이고, 가장 적게 참여한 학년은 3학년으로 69명입니다. 따라서 1학년부터 6학년까지 가장 많이 참여한 학년과 가장 적게 참여한 학년의 학생 수의 차는 86-69=17(명)입니다.

9 ㉠ 76 ㉡ 111 ㉢ 79 ㉣ 59

10 19, 67, 86 중에서 작은 두 수를 더하여 큰 수가 되는 덧셈식을 만들고, 가장 큰 수에서 작은 수를 빼어 다른 수가 되는 뺄셈식을 만듭니다.

12 35+□=43 ➪ 43-35=□, □=8

13 □-9=19 ➪ 19+9=□, □=28

14 54-28+15=41(대)

15 35+□+19=83이므로 54+□=83
➪ 83-54=□, □=29입니다.

16 ⑴ 15+17+19=32+19=51
82-18-26=64-26=38 } ➪ 51>38

⑵ 45+38-24=83-24=59
71-35+26=36+26=62 } ➪ 59<62

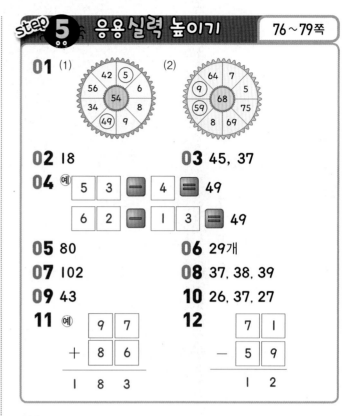

02 18

03 45, 37

04 예
| 5 | 3 | = | 4 | = | 49 |

| 6 | 2 | = | 1 | 3 | = | 49 |

05 80

06 29개

07 102

08 37, 38, 39

09 43

10 26, 37, 27

11 예
$$\begin{array}{r} 9\ \ 7 \\ +\ 8\ \ 6 \\ \hline 1\ 8\ 3 \end{array}$$

12
$$\begin{array}{r} 7\ \ 1 \\ -\ 5\ \ 9 \\ \hline 1\ 2 \end{array}$$

01 ⑴ 합이 54이므로 54보다 더 큰 56과 10보다 큰 수를 더해야 하는 42, 34는 해당되지 않습니다. 따라서 49와 5를 더해야 54가 됩니다.

⑵ 합이 68이므로 68보다 더 큰 69와 75는 해당되지 않습니다. 또 64는 4를 더해야 68이 되는데 과녁판에는 4가 없으므로 해당되지 않습니다. 따라서 59와 9를 더해야 68이 됩니다.

02 어떤 수를 □라 하면 잘못 계산한 식은
□+27=72이므로 □=72-27, □=45입니다. 따라서 바르게 계산하면 45-27=18입니다.

03 두 수의 합이 82이므로 일의 자리 숫자끼리의 합은 12이어야 합니다. 5+□=12이므로 □=7입니다. 따라서 두 번째 수는 37입니다. 또, 일의 자리에서 10을 받아올림했으므로 십의 자리의 계산을 하면 1+□+3=8입니다. 따라서 □=4이므로 첫 번째 수는 45입니다.

05 ♠이 16이므로 16+16=▲, ▲=32
32+32-16=■, ■=48
48+32=●, ●=80

06 38+47-56=85-56=29이므로 예슬이는 두 남학생이 주운 밤의 수보다 29개 더 적게 주웠습니다.

07 십의 자리 숫자가 7인 가장 큰 두 자리 수는 78이고, 일의 자리 숫자가 4인 가장 작은 두 자리 수는 24이므로 두 수의 합은 78+24=102입니다.

08 십의 자리 숫자가 3인 두 자리 수는 30, 31, 32, 33, 34, 35, 36, 37, 38, 39입니다.
80에서 □를 뺀 값을 알아보면 다음과 같습니다.

□의 값	30	31	32	33	34
80−□의 값	50	49	48	47	46
□의 값	35	36	37	38	39
80−□의 값	45	44	43	42	41

80−□의 값이 44보다 작아야 하므로 □ 안에 알맞은 수는 37, 38, 39입니다.

09 큰 수를 □라고 하면 작은 수는 □−24입니다.
□+□−24=62, □+□=86, □=43
따라서 두 수 중에서 더 큰 수는 43입니다.

10 일의 자리 숫자의 합이 0이 되는 세 수를 찾으면
6+7+7=20이므로 6, 7, 7입니다.
⇨ 26+37+27=90(○)
26+47+27=100(×)
26+37+47=110(×)

11 합이 가장 크게 되도록 만들 때 가장 큰 수와 둘째로 큰 수는 각각 십의 자리에 써야 합니다.
97+86=183입니다.

12 뺄셈식에서 계산 결과가 가장 작게 하려면 십의 자리에 9와 7, 7과 5를 놓아야 합니다.
91−75=16, 71−59=12에서 식의 값이 가장 작은 두 수의 뺄셈은 71−59=12입니다.

단원평가
80~82쪽

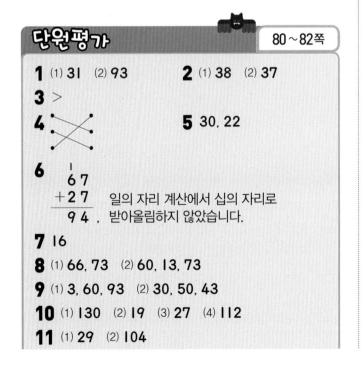

1 (1) 31 (2) 93   **2** (1) 38 (2) 37

3 >

4 (선 연결)   **5** 30, 22

6
```
    1
   6 7
 + 2 7
 ─────
   9 4
```
일의 자리 계산에서 십의 자리로 받아올림하지 않았습니다.

7 16

8 (1) 66, 73 (2) 60, 13, 73

9 (1) 3, 60, 93 (2) 30, 50, 43

10 (1) 130 (2) 19 (3) 27 (4) 112

11 (1) 29 (2) 104

---

12 64, 36 / 64, 28   **13** (1) 37 (2) 26

14 <   **15** 17개

16 5 3 + 3̸ 9 = 6 2

17 67   **18** 36

19 풀이 참조 / 38장

20 풀이 참조 / 111쪽

1 (1)
```
   1
  2 8
+   3
─────
  3 1
```
(2)
```
   1
  7 5
+ 1 8
─────
  9 3
```

2 (1)
```
  3 10
  4̸ 6
−   8
─────
  3 8
```
(2)
```
  5 10
  6̸ 2
− 2 5
─────
  3 7
```

3
```
  8 10
  9̸ 1
− 1 6
─────
  7 5
```
```
    1
  3 8
+ 3 4
─────
  7 2
```

4
```
    1
  1 9
+ 3 3
─────
  5 2
```
```
  3 10
  4̸ 6
− 1 9
─────
  2 7
```
```
  6 10
  7̸ 4
− 3 8
─────
  3 6
```

7 큰 수에서 작은 수를 빼면 되므로 53에서 37을 뺍니다.
⇨ 53−37=16

8 (1) 46에 20을 먼저 더한 후, 7을 더합니다.
(2) 40과 20의 합에 6과 7의 합을 더합니다.

10 (1) 56+25+49=81+49=130
(2) 87−29−39=58−39=19
(3) 38+16−27=54−27=27
(4) 64−29+77=35+77=112

11 (1)
```
    1
  7 8
+ 1 9
─────
  9 7
```
```
  8 10
  9̸ 7
− 6 8
─────
  2 9
```
(2)
```
  8 10
  9̸ 5
− 4 8
─────
  4 7
```
```
    1
  4 7
+ 5 7
─────
1 0 4
```

13 (1) □+54=91 ⇨ 91−54=□, □=37
(2) 49+□=75 ⇨ 75−49=□, □=26

14 72−19=53, 85−28=57 ⇨ 53 < 57

15 (남은 자두의 수)
=(가지고 있던 자두의 수) − (먹은 자두의 수)
=25−8=17(개)

16 53에 어떤 수를 더해서 62가 되는지 알아보면
53+9=62입니다.

17 네 장의 숫자 카드 중에서 두 장을 뽑아 만들 수 있는
두 자리 수 중 가장 큰 수는 **76**이고, 둘째로 큰 수는
75입니다. ⇨ **75−8=67**

18 □+39=74, 74−39=□, □=35
따라서 **35**보다 큰 수 중에서 □ 안에 들어갈 가장
작은 수는 **36**입니다.

19 예) 빨간색 딱지와 파란색 딱지는 모두
63+29=92(장)이므로 노란색 딱지보다
92−54=38(장) 더 많습니다.

20 예) 어제는 **28**쪽 읽었으므로
(오늘 읽은 쪽수)=(어제 읽은 쪽수)+**9**
            =**28+9=37**(쪽)
(내일 읽을 쪽수)=(오늘 읽은 쪽수)+**9**이므로
(내일 읽을 쪽수)=**37+9= 46**(쪽)입니다.
(**3**일 동안 읽게 되는 쪽수)=**28+37+46**
              =**111**(쪽)
따라서 어제부터 내일까지 **3**일 동안 책을 모두
111쪽을 읽게 됩니다.

4. 길이 재기

1 단위길이   **2** 8번

3 (1) ㉮ (2) ㉯ (3) 4, 8, 5 (4) ㉯

4 (1) 4 (2) 6   **5** ㉠

6 5

---

2 칠판의 긴 쪽의 길이는 한 뼘을 단위길이로 하여 8번 재었습니다.

3 (1) 단위길이가 가장 긴 것부터 순서대로 쓰면 ㉮, ㉰, ㉯입니다.
    (4) 색 테이프의 길이는 단위길이 ㉮로 4번, 단위길이 ㉯로 8번, 단위길이 ㉰로 5번이므로 단위길이 ㉯로 재어 나타낸 수가 가장 큽니다.

5 ㉡, ㉢ : 자의 눈금 0에 지우개의 끝을 맞추지 않았습니다.
    ㉣ : 자와 지우개를 나란히 맞대지 않았습니다.

6 막대의 길이를 나타내는 눈금이 5 cm에 가장 가깝습니다.

유형**1** 3

1-1 6

1-2 9번

1-3 ②

1-4 단위길이

1-5 10

1-6 5

1-7 2

유형**2** 1 cm, 1 센티미터

2-1

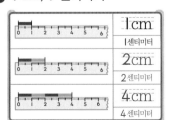

2-2 (1) [눈금자 0~10]
     (2) [눈금자 0~10]

2-3 (1) 7 (2) 6

유형**3** 8

3-1 (1) 9번 (2) 9 cm

3-2 (1) 2 cm (2) 5 cm

3-3 (1) 3 cm (2) 5 cm

3-4 (1) 5 (2) 5 센티미터

3-5 ③

3-6 3 cm

3-7 (1) 5 (2) 5

3-8

3-9 (1) 5 (2) 4

유형**4** 5

4-1 7

4-2 7

4-3 예 3, 3

4-4 예 약 6 cm

4-5 4 cm와 5 cm 사이

4-6 5 cm

4-7 약 5 cm

1-2 엄지손가락 너비를 단위길이로 하여 9번 재었습니다.

1-3 책상의 긴 쪽의 길이는 클립, 엄지손가락의 너비로 재면 재는 횟수가 너무 많습니다. 또 책상의 긴 쪽의 길이를 걸음, 양팔로 재기에는 책상의 긴 쪽의 길이가 짧을 수 있습니다.

1-5 막대의 길이는 클립의 길이로 10번입니다.

1-6 막대의 길이는 딱풀의 길이로 5번입니다.

1-7 막대의 길이는 연필의 길이로 2번입니다.

2-3 (1) 1 cm가 7번이므로 7 cm입니다.
    (2) 1 cm가 6번이므로 6 cm입니다.

3-4 (1) 1 cm가 5번이므로 연필의 길이는 5 cm입니다.

3-5 길이를 잴 때 눈금 0에 맞출 수 없는 경우에도 1 cm로 몇 번인지만 알면 길이를 구할 수 있습니다.

3-6 자의 큰 눈금 1부터 4까지 1 cm가 3번이므로 3 cm입니다.

3-7 지우개의 길이는 1 cm로 5번인 5 cm입니다.

3-9 (1) 자의 큰 눈금 2부터 7까지 1 cm가 5번이므로 5 cm입니다.

⑵ 자의 큰 눈금 **3**부터 **7**까지 **1** cm가 **4**번이므로 **4** cm입니다.

4-5 막대의 오른쪽 끝은 **4** cm와 **5** cm 사이에 위치해 있습니다.

4-7 막대의 길이가 **5** cm에 더 가까우므로 약 **5** cm입니다.

step 3 기본유형 다지기　90～95쪽

1 10번　　**2** 12번
3 연필　　**4** 12번
5 4번　　**6** ㉮
7 ㉯　　**8** ⑤
9 7번　　**10** 하진
11 나　　**12** ④
13 단위길이　　**14** 크레용
15 못　　**16** 8, 6
17 ⑴ 2, 2　⑵ 4, 4　**18** 9
19 ④　　**20** 7
21 6, 3　　**22** ⑴ 4　⑵ 7
23 （그림）　　**24** ① 0　② 11
25 ⑴ 7　⑵ 5　**26** 10, 10 센티미터
27 ―――――
28 6, 6 cm, 7, 7 cm
29 （ ）（ ○ ）（ ）　**30** 예 7, 7
31 예 약 6 cm
32 ① 8, 7　② 7　**33** 9
34 예 5, 5　**35** ⑴ 예 4, 4　⑵ 예 6, 6
36 ⑴ 예 2, 2　⑵ 예 7, 7
37 ㉢, 3 cm　**38** 예 4, 4
39 윤구

3 자석의 길이는 엄지손가락의 너비로 **10**번이고 연필의 길이는 엄지손가락의 너비로 **12**번이므로 연필의 길이가 더 깁니다.

6 단위길이가 길면 재어 나타낸 수가 작고, 단위길이가 짧으면 재어 나타낸 수가 큽니다.
즉, 긴 단위길이 ㉯로 재었을 때보다 짧은 단위길이 ㉮로 재었을 때 재어 나타낸 수가 더 큽니다.

8 교과서의 긴 쪽의 길이를 재는 데 클립과 엄지손가락의 너비로 재면 재는 횟수가 너무 많고, 걸음, 양팔 재기에는 교과서의 긴 쪽의 길이가 너무 짧습니다.

10 하진이의 발 길이로 재어 나타낸 수가 **6**번으로 현수보다 횟수가 더 작으므로 하진이의 발 길이가 더 깁니다.

11 단위길이 나가 가장 깁니다. 따라서 단위길이 나로 재어 나타낸 수가 가장 작습니다.

12 단위길이로 재어 나타낸 수가 가장 크려면 단위길이가 가장 짧아야 하므로 연필, 가위, 물풀, 지우개 중 길이가 가장 짧은 지우개를 단위길이로 하여 재어 나타낸 수가 가장 큽니다.

15 못으로 테이프의 길이를 재면 **6**번이고, 크레용으로 테이프의 길이를 재면 **4**번입니다. 따라서 짧은 단위길이인 못으로 재었을 때 재어 나타낸 수가 더 큽니다.

18 크레파스는 **2**의 눈금에서 시작하여 **11**의 눈금에서 끝났으므로 **1** cm가 **11**－**2**＝**9**(번) 들어갑니다. **1** cm가 **9**번이면 **9** cm입니다.

22 자의 큰 눈금 **4**칸의 길이는 **1** cm로 **4**번이므로 **4** cm입니다. 자의 큰 눈금 **7**칸의 길이는 **1** cm로 **7**번이므로 **7** cm입니다.

27 점선의 한쪽 끝을 자의 눈금 **0**에 맞춘 다음, 주어진 길이만큼 점선을 따라 곧은 선을 긋습니다.
양 끝점을 주어진 길이만큼 표시해 놓은 다음, 그 두 점을 곧은 선으로 연결하는데 자가 움직이지 않도록 합니다. 또한 곧은 선을 그릴 때는 왼쪽에서 오른쪽으로 그리는 것이 좋습니다.

29 ㉠은 **1** cm가 **5**개인 **5** cm, ㉡은 **1** cm가 **6**개인 **6** cm, ㉢은 **1** cm가 **4**개인 **4** cm이므로 길이가 가장 긴 색 테이프는 ㉡입니다.

35 눈짐작으로 **1** cm가 몇 번 있는지를 생각하고 어림하여 자로 재어 봅니다.

39 **17** cm와 차이가 가장 적게 어림한 사람을 찾습니다. **17** cm와 차이가 **1** cm인 **16** cm로 어림한 윤구가 실제 길이에 가장 가깝게 어림했습니다.

1 ㉠

2 3번

3 6번

4 ㉯, ㉰, ㉮

5 초록색 테이프

6 56 cm

7 빨간색, 노란색, 파란색

8 2 cm

9 5 cm

10 ㉠ : 6 cm, ㉡ : 3 cm

11 9 cm

12 18 cm

13 ③

14 1 cm

15 2 cm

16 2 cm

1 단위길이로 재어 나타낸 수가 가장 크려면 단위길이가 가장 짧아야 하므로 ㉠~㉣ 중 길이가 가장 짧은 ㉠을 단위길이로 하여 재어 나타낸 수가 가장 큽니다.

4 단위길이가 길수록 재어 나타낸 수가 작습니다. 각각의 단위길이로 재어 나타낸 수가 작은 것부터 순서대로 쓰려면 단위길이가 긴 것부터 순서대로 써야 합니다.

5 단위길이로 재어 나타낸 수를 비교하면 13>12입니다. 따라서 길이가 더 긴 색 테이프는 단위길이로 재어 나타낸 수가 더 큰 초록색 테이프입니다.

6 ㉡의 길이는 ㉠으로 7번이므로 ㉠의 길이를 7번 더한 것과 같습니다. 따라서 ㉡의 길이는
8+8+8+8+8+8+8=56(cm)입니다.

7 단위길이가 짧을수록 재어 나타낸 수가 큽니다.

8 자의 큰 눈금 1칸은 1 cm입니다.
㉮는 큰 눈금이 5칸이므로 5 cm이고, ㉯는 큰 눈금이 3칸이므로 3 cm입니다.
⇨ 5−3=2(cm)

9 나뭇잎의 길이는 1 cm로 5번입니다. 따라서 나뭇잎의 길이는 5 cm입니다.

11 ㉠과 ㉡의 길이의 합은 1 cm로 6+3=9(번)이므로 9 cm입니다.

12 사각형의 네 변의 길이의 합은 1 cm로
6+3+6+3=18(번)이므로 18 cm입니다.

13 ①, ②는 1 cm로 9번이므로 9 cm입니다. ④, ⑤는 색연필의 왼쪽 끝을 0에 맞추지 않았으므로 바르게 재면 ④는 약 9 cm이고 ⑤는 7 cm보다 더 깁니다.

14 엽서의 긴 쪽과 짧은 쪽의 길이를 각각 자로 재면 긴 쪽은 4 cm, 짧은 쪽은 3 cm입니다. 따라서 엽서의 긴 쪽의 길이는 짧은 쪽의 길이보다 4−3=1(cm) 더 깁니다.

15 삼각형의 세 변의 길이를 자로 재면 각각 3 cm, 4 cm, 5 cm입니다. ⇨ 5−3=2(cm)

16 어림한 길이는 약 19 cm이고, 실제 길이는 21 cm이므로 어림한 길이와 실제 길이의 차는 21−19=2(cm)입니다.

01 14 cm

02 4번

03 62 cm

04 10 cm

05 4번

06 8번

07 12 cm

08 못 : 6 cm, 볼펜 : 13 cm

09 6가지

10 4 cm

11 22 cm

12 32 cm

13 12 cm

01 작은 사각형 한 변의 길이가 1 cm이고, 1 cm인 변이 14개이므로 굵은 선의 길이는 14 cm입니다.

02 막대의 길이는 8+8+8=24(cm)입니다.
6+6+6+6=24이므로 막대의 길이는 지우개로 4번 잰 것과 같습니다.

03 겹치지 않고 이어 붙인 색 테이프 6장의 길이는
12+12+12+12+12+12=72(cm)입니다.
2 cm씩 겹쳐지는 부분은 5군데이므로
2+2+2+2+2=10(cm)만큼 짧아집니다.
따라서 이어진 색 테이프의 길이는
72−10=62(cm)입니다.

04 색 테이프 ㉠은 1 cm가 4번이므로 4 cm,
색 테이프 ㉡은 1 cm가 7번이므로 7 cm,
색 테이프 ㉢은 1 cm가 3번이므로 3 cm입니다.
7 cm>4 cm>3 cm이므로 가장 긴 색 테이프와 가장 짧은 색 테이프의 길이의 합은
7+3=10(cm)입니다.

05 ㉠의 길이는 ㉡의 길이의 3배이므로 3씩 묶어 세어 보면 (1+1+1)+(1+1+1)+(1+1+1)+(1+1+1)로 줄넘기는 ㉠의 길이로 4번입니다.

06 그림에서 ⓒ의 길이로 **6**번이면 ⓒ의 길이로 **4**번입니다. 따라서 줄넘기는 ⓒ의 길이로 **6+6=12**(번)이므로 ⓒ의 길이로 **4+4=8**(번)입니다.

07 색 테이프 ㉮의 길이는 **7** cm이고, 색 테이프 ㉯의 길이는 **5** cm입니다.
⇨ **7+5=12**(cm)

08 볼펜의 길이는 연필의 길이보다 **2** cm 더 길기 때문에 **11+2=13**(cm)입니다. 못의 길이는 볼펜의 길이보다 **7** cm 더 짧으므로 **13-7=6**(cm)입니다.

09

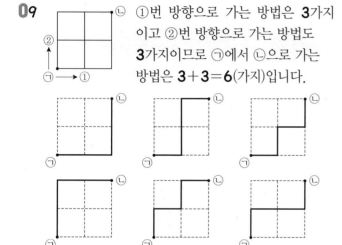

①번 방향으로 가는 방법은 **3**가지이고 ②번 방향으로 가는 방법도 **3**가지이므로 ㉠에서 ㉡으로 가는 방법은 **3+3=6**(가지)입니다.

10 ㉮ 색 테이프의 길이는 **9+6=15**(cm)이므로 ㉯ 색 테이프의 길이도 **15** cm입니다.
따라서 (㉠ 테이프의 길이)=**15-3-8=4**(cm)입니다.

11 가장 작은 사각형의 변이 **11**개이므로
$\underbrace{2+2+2+\cdots+2+2}_{11개}=22$(cm)입니다.

12 가장 작은 사각형의 변이 **16**개이므로
$\underbrace{2+2+2+\cdots+2+2}_{16개}=32$(cm)입니다.

13 길이가 가장 긴 선은 ㉰ 선으로 **34** cm이고, 길이가 가장 짧은 선은 ㉮ 선으로 **22** cm입니다.
⇨ **34-22=12**(cm)
따라서 길이가 가장 긴 선은 길이가 가장 짧은 선보다 **12** cm 더 깁니다.

단원평가 104~106쪽

1 6번   **2** 10번
3 악어, 표범, 늑대

4							

5 ㉮, ㉰, ㉯   **6** 2, 5, 4
7 ㉯   **8** ②
9 ㉡   **10** 7 cm
11 (1) 5 (2) 3   **12** 6번
13 4 cm   **14** 5 cm
15 3 cm   **16** 4
17 성국   **18** ㉲ 약 6 cm, 6 cm
19 풀이 참조 / 9 cm   **20** 풀이 참조 / 13 cm

1 줄넘기 줄의 왼쪽 끝에서 다른 쪽 끝까지의 길이는 단위길이를 **6**개 이어 놓은 길이와 같습니다. 따라서 줄넘기 줄은 단위길이로 **6**번 잰 길이와 같습니다.

2 엄지손가락 너비를 단위길이로 하여 **10**번 재었습니다.

7 가장 짧은 단위길이로 재어 나타낸 수가 가장 큽니다.

8 숫자 **1**은 크게 쓰고, 단위 cm는 작게 씁니다.

9 ㉠ **1** cm는 자에서 큰 눈금의 길이를 나타냅니다.
㉡ **1** 센티미터라고 읽습니다.

10 막대의 길이는 **1** cm가 **7**번이므로 **7** cm입니다.

11 (1) **1** cm로 **5**번이므로 **5** cm입니다.
(2) **1** cm로 **3**번이므로 **3** cm입니다.

12 못의 길이는 자에서 큰 눈금 **6**칸이므로 **1** cm가 **6**번입니다.

13 ㉠의 길이는 **1** cm가 **4**번이므로 **4** cm입니다.

14 자의 큰 눈금 **1**칸은 **1** cm입니다.
막대의 길이가 자의 큰 눈금 **5**칸과 길이가 같으므로 **5** cm입니다.

15 색연필은 **7** cm이고 손톱깎이는 **4** cm입니다.
따라서 색연필은 손톱깎이보다 **7-4=3**(cm) 더 깁니다.

17 실제 길이와 경민이가 어림한 길이는
17-15=2(cm) 차이가 나고, 성국이가 어림한 길이는 **18-17=1**(cm) 차이가 납니다.
따라서 성국이가 더 잘 어림하였습니다.

19 ㉲ 빨간 선의 길이는 가장 작은 사각형의 변이 **9**개이므로 **9** cm입니다.

20 ㉲ 색 테이프 **2**장의 길이를 모두 합한 길이에서 겹쳐진 곳의 길이를 뺍니다. 색 테이프 **2**장의 길이는 **8+8=16**이므로 **16** cm이고, 겹쳐진 곳의 길이는 **3** cm이므로 이어 붙인 전체 길이는 **16-3=13**이므로 **13** cm입니다.

5. 분류하기

step 1 개념 확인하기 108~109쪽

1 (1) 수첩 / 딱풀 / 수박 (2) 모양

2 (1) 딸기, 체리 / 레몬, 참외 / 청포도 (2) 색깔

3 (1) 4, 5, 3 (2) ⬭ 모양 (3) ⬤ 모양
(4) 3, 4, 5 (5) 초록색 (6) 빨간색

step 2 기본 유형 익히기 110~113쪽

유형1 강아지, 토끼, 사자 / 가오리, 고래, 문어

1-1 사과, 고추, 토마토

1-2 레몬, 파프리카, 주스

1-3 수박, 오이

1-4 사탕, 고구마, 가지

1-5

	사과	고추	토마토
	레몬	파프리카	주스
	수박		오이
	사탕	고구마	가지

1-6 색깔

1-7 동전, 바퀴, 단추

1-8 옷걸이, 삼각자, 표지판

1-9 칠판, 액자, 시계

1-10

원	동전	바퀴	단추
삼각형	옷걸이	삼각자	표지판
사각형	칠판	액자	시계

1-11 모양

1-12 ㉠, ㉡ / ㉢, ㉤ / ㉣, ㉥

1-13 색깔

1-14 ㉡, ㉥ / ㉣ / ㉠, ㉢, ㉤

1-15 모양

유형2 2, 3, 2, 5

2-1 4가지

2-2

모양	⬛	⬭	⬤	▲
세면서 표시하기	///	///	///	//
물건 수(개)	3	3	3	2

2-3

종류	옷	신발	가방
세면서 표시하기	///	///	///
수(개)	3	3	3

2-4 1, 2, 2, 4

유형3 (1) 동물이 사는 곳
(2) 가오리, 상어, 오징어 /
고양이, 토끼, 돼지, 호랑이 / 까치
(3) 육지
(4) 하늘
(5) ⑩ 다리 수를 기준으로, 집에서 기르는 동물과 그렇지 않은 야생동물로 분류할 수 있습니다.

3-1 ⑩ 정리해 두어야 할 곳을 기준으로 분류할 수 있습니다.

3-2 사과, 주스 / 치마, 점퍼, 모자, 티셔츠 / 필통, 지우개, 교과서, 삼각자, 연필

3-3 책상

3-4 냉장고

1-5 색을 기준으로 분류하여 표로 나타내어 봅니다.

1-10 모양을 기준으로 분류하여 표로 나타내어 봅니다.

1-12 색을 기준으로 분류하여 표로 나타내어 봅니다.

2-1 ⬛, ⬭, ⬤, ▲인 4가지 모양으로 분류할 수 있습니다.

유형3 (3) 가장 많은 친구들이 좋아하는 동물은 육지에서 주로 활동하는 동물로 4마리입니다.
(4) 가장 적은 친구들이 좋아하는 동물은 하늘에서 주로 활동하는 동물인 까치로 1마리입니다.

step 3 기본 유형 다지기 114~119쪽

1 모양

2

교과서	수학 교과서, 음악 교과서
사전	영어사전, 백과사전, 국어사전
동화책	피터 팬, 무지개 물고기, 콩쥐 팥쥐

3		
더 긴 것	수학 교과서, 피터 팬, 무지개 물고기, 음악 교과서, 국어사전	
더 짧은 것	영어사전, 백과사전, 콩쥐 팥쥐	

4		
채소	㉠, ㉢, ㉣, ㉥, ㉦	
과일	㉯, ㉧, ㉨	
빵	㉡, ㉤, ㉨, ㉩	

5 채소   **6** 과일

7

	㉠, ㉧
	㉡, ㉨
	㉣, ㉯, ㉦
	㉢, ㉤, ㉥

8 1개

9

	㉠, ㉢, ㉦
	㉡, ㉤
	㉣, ㉧
	㉯, ㉥, ㉨

10 분홍색 모양, 1개

11

손잡이가 있는 것	㉠, ㉡, ㉤, ㉯, ㉥, ㉨, ㉩, ㉪
손잡이가 없는 것	㉢, ㉣, ㉧, ㉨

12

한글	공, 꽃, 물
한자	6, 9, 4
영어	A, D, F

13 3, 2, 3, 2   **14** 3, 3, 2

15 2, 2, 2, 2   **16** 20명

17 5가지

18

음식	햄버거	피자	통닭	자장면	김밥
세면서 표시하기	泄	泄/	////	///	//
학생 수(명)	5	6	4	3	2

19 모양

20 3, 3, 3   **21** 5, 4

22 2개   **23** 5, 3

24 3, 3, 2   **25** 2, 4, 2, 2

26 5, 3, 2, 2   **27** 봄

28 가을, 겨울

29 2, 1, 2, 3, 2, 2

30 노란색   **31** 초록색

32 4명

33 3, 6, 1, 2

34 비행기

35 예 비행기가 가장 빠르기 때문입니다.

36 자전거

37 예 자전거는 느려서 시간이 많이 걸리기 때문입니다.

38 예 짝이 되는 물건(장갑, 구두, 운동화, 슬리퍼)과 그렇지 않은 물건(모자, 치마, 티셔츠)으로 분류할 수 있습니다.
또는 종류에 따라 옷, 신발, 모자, 장갑으로도 분류할 수 있습니다.

39

기준	짝이 있는 물건	짝이 없는 물건
물건 수	5	3

40 짝이 있는 물건

7 모양을 기준으로 하여 분류를 해 봅니다.

8 ⬤ 모양은 3개, ⬛ 모양은 2개이므로 ⬤은 ⬛보다 3−2=1(개) 더 많습니다.

16 위의 표에서 조사한 어린이는 모두 20명입니다.

17 신영이네 반 어린이들이 좋아하는 음식은 햄버거, 피자, 통닭, 자장면, 김밥으로 5가지입니다.

18 신영이네 반 학생 중에서 햄버거는 5명, 피자는 6명, 통닭은 4명, 자장면은 3명, 김밥은 2명이 좋아합니다.

19 모양은 원, 삼각형, 사각형으로 분류할 수 있으나 예쁜 색깔은 분류 기준이 분명하지 않습니다.

21 테두리 선만 있고 가운데 부분에 색이 없는 도형은 4개입니다.

26 한솔이네 반 학생 중에서 봄은 5명, 여름은 3명, 가을은 2명, 겨울은 2명이 좋아합니다.

27 5, 3, 2, 2 중에서 가장 큰 수는 5이므로 가장 많은 학생이 좋아하는 계절은 봄입니다.

28 5, 3, 2, 2 중에서 같은 수는 2이므로 같은 수의 학생이 좋아하는 계절은 가을과 겨울입니다.

30 2, 1, 2, 3, 2, 2 중에서 가장 큰 수는 3이므로 가장 많은 학생이 좋아하는 색깔은 노란색입니다.

31 2, 1, 2, 3, 2, 2 중에서 가장 작은 수는 1이므로 가장 적은 학생이 좋아하는 색깔은 초록색입니다.

34 비행기를 타고 싶은 친구 수가 6으로 가장 큽니다.

36 자전거를 타고 싶은 친구 수가 1로 가장 작습니다.

15

색깔	빨간색	파란색	노란색
수(자루)	10	8	7

따라서 가장 많이 팔린 색연필은 빨간색입니다.

16 오늘 팔린 색연필의 수는 빨간색 10자루, 파란색 8자루, 노란색 7자루입니다. 10>8>7이므로 문구점 주인은 빨간색, 파란색, 노란색의 순서로 색연필을 많이 준비해야 합니다.

step 4 응용실력기르기 120~123쪽

1 ㉡ / ㉠, ㉢, ㉣   **2** ㉡

3 ㉢

4 예 바퀴가 있는 것과 없는 것으로 분류하였습니다.

5 3, 5, 2   **6** 4, 4, 2

7 3개   **8** 2개

9 6, 5, 9

10 색깔

11

색깔	파란색	초록색	빨간색	노란색
수(개)	5	3	4	8

12 초록색, 빨간색, 파란색, 노란색

13

모양	과일	도형	동물
자석 수(개)	2	3	5

14 3개   **15** 빨간색

16 빨간색, 파란색, 노란색

---

3 주사위를 던져 나온 눈의 수가 같은 것끼리 분류하였습니다.

7 빨간색인 도형은 4개이고 이 중에서 사각형은 3개입니다.

8 파란색인 도형은 4개이고 이 중에서 삼각형은 2개입니다.

12 11의 표에서 5, 3, 4, 8을 작은 수부터 순서대로 쓰면 3, 4, 5, 8입니다. 따라서 가장 적게 있는 색깔부터 순서대로 쓰면 초록색, 빨간색, 파란색, 노란색입니다.

14 과일 모양은 2개, 도형 모양은 3개, 동물 모양은 5개이므로 가장 많은 모양은 동물 모양으로 5개, 가장 적은 모양은 과일 모양으로 2개입니다. 따라서 가장 많은 모양의 자석은 가장 적은 모양의 자석보다 5-2=3(개) 더 많습니다.

---

step 5 응용실력 높이기 124~127쪽

01 56, 74

02

색깔	검정, 파랑	노랑, 빨강
수(개)	8	7

03 1개   **04** 이탈리아 음식

05 4

06

분류기준 1	모양	분류기준 2	색깔
분류기준 3	구멍 수		

07 5명   **08** 3명

09 노란색, ■ 모양   **10** 2층

11 1명   **12** 다 가게

---

01 두 자리 수가 적힌 카드는 21, 56, 74, 86, 59, 76, 42, 98입니다.
이 중에서 파란색 카드에 적힌 수는 56, 74입니다.

02 각 색깔별로 칭찬스티커의 수를 센 다음 두 색깔에 해당하는 칭찬스티커의 수를 더합니다.

03 노란색이면서 구멍이 4개인 단추는 3개이고, 빨간색이면서 구멍이 2개인 단추는 2개입니다. 따라서 노란색이면서 구멍이 4개인 단추는 빨간색이면서 구멍이 2개인 단추보다 3-2=1(개) 더 많습니다.

04 오른쪽 표에서 보면 이탈리아 음식을 좋아하는 사람이 2명인데 왼쪽 표에서 찾아보면 피자 외에는 없으

정답과 풀이

므로 규현이가 좋아하는 음식의 종류는 이탈리아 음식입니다.

05 왼쪽 표에서 한국 음식을 찾아보면 된장찌개, 김치찌개, 칼국수, 불고기로 한국 음식을 좋아하는 사람은 4명입니다. 따라서 ⓒ에 알맞은 수는 4입니다.

06 • 단추를 모양별로 분류하면 △, □, ○ 모양으로 분류할 수 있습니다.
  • 단추를 색깔별로 분류하면 빨간색, 파란색, 초록색으로 분류할 수 있습니다.
  • 단추의 구멍 수에 따라 분류하면 구멍이 2개, 3개, 4개인 단추로 분류할 수 있습니다.

07 승화의 친구 중 남학생은 모두 7명이고 이 중에서 공을 가지고 하는 운동을 좋아하는 학생은 모두 5명입니다.

08 승화의 친구 중 여학생은 모두 5명이고 이 중에서 공을 가지고 하는 운동을 좋아하는 학생은 모두 3명입니다.

09 • 빈칸의 카드를 제외하고 카드를 색깔에 따라 분류하여 세어보면 빨간색 3장, 노란색 4장, 초록색 4장이므로 빈칸의 카드의 색깔은 노란색입니다.
  • 빈칸의 카드를 제외하고 카드에 그려진 모양에 따라 분류하여 세어보면 ▲ 4장, ■ 4장, ● 3장이므로 빈칸의 카드의 모양은 ■입니다.

10

층	코너
3층	농구공, 농구골대
2층	연필, 다리미, 쓰레받기, 지우개
1층	딸기, 오이, 수박

11

16장	15장	20장	10장	13장	17장	4장	14장
11장	19장	18장	13장	4장	9장	21장	6장
14장	25장	32장	8장	29장	12장	27장	24장
23장	15장	17장	18장	9장	34장	36장	15장

카드를 13장보다 적게 가지고 있는 학생은 색칠한 칸이므로 9명이고, 21장보다 많이 가지고 있는 학생은 빗금친 칸이므로 8명입니다. 따라서 카드를 13장보다 적게 가지고 있는 학생은 카드를 21장보다 많이 가지고 있는 학생보다 9-8=1(명) 더 많습니다.

12 한 시간 동안 꽃을 가 가게에서는 2+1+2+3=8(송이), 나 가게에서는 1+0+2+4=7(송이), 다 가게에서는 4+1+3+1=9(송이) 팔았습니다. 따라서 한 시간 동안 꽃을 가장 많이 판 가게는 다 가게입니다.

단원평가 128~130쪽

1 4개 **2** 2개
3 3개 **4** 4, 2, 3
5 (색깔, 모양, 종류)
6

날개가 있는 것	까치, 비둘기, 딱따구리, 부엉이
날개가 없는 것	다람쥐, 반달곰, 멧돼지, 사슴

7 ⓒ
8

공을 사용하는 운동	야구, 농구
공을 사용하지 않는 운동	수영, 멀리뛰기, 마라톤, 레슬링

9 2, 4, 2, 2 **10** ⓒ
11 20명
12 이순신, 3 / 유관순, 4
  세종대왕, 8 / 신사임당, 5
13 세종대왕 **14** 9명
15 ( )( )(×)( )
16 5, 9, 6 **17** 5, 5, 3, 7
18 9, 7, 4 **19** 풀이 참조 / 2명
20 풀이 참조 / 1명

1 공부할 때 쓰는 물건은 책, 연필, 지우개, 필통입니다.
2 청소할 때 쓰는 물건은 빗자루, 쓰레받기입니다.
3 운동할 때 쓰는 물건은 배드민턴 채, 농구골대, 야구공입니다.
5 집에 있는 물건들을 흰색인 것과 파란색인 것으로 분류하였습니다.
7 다리 수가 2개인 동물과 4개인 동물로 분류할 수 있습니다.
9 떡볶이를 좋아하는 학생 수는 2명, 자장면을 좋아하는 학생 수는 4명, 과일을 좋아하는 학생 수는 2명, 아이스크림을 좋아하는 학생 수는 2명입니다.
10 크기의 기준을 정할 수 없으므로 분류 기준으로 적당하지 않습니다.
11 조사한 것을 세어 보면 20개이므로 20명의 학생을 조사하였습니다.
13 조사한 표를 보면 3, 8, 4, 5 중에서 가장 큰 수는 8이므로 가장 많은 학생들이 존경하는 위인은 세종

26 • 수학 2-1

대왕입니다.

14 유관순을 존경하는 학생은 **4**명이고, 신사임당을 존경하는 학생은 **5**명이므로 모두 **4**+**5**=**9**(명)입니다.

15 단추의 모양은 별 모양, 원 모양, 사각형 모양이고, 단추의 색깔은 빨간색, 초록색, 노란색이며, 단추의 구멍 수는 **2**개, **3**개, **4**개입니다. 모두 같은 종류인 단추입니다.

19 예 인형을 좋아하는 학생은 **9**명이고, 미니카를 좋아하는 학생은 **7**명입니다. 따라서 인형을 좋아하는 학생은 미니카를 좋아하는 학생보다 **9**−**7**=**2**(명) 더 많습니다.

20 예 토끼, 곰, 사슴을 좋아하는 학생은 모두 **5**+**2**+**1**=**8**(명)입니다. 따라서 사자를 좋아하는 학생은 **9**−**8**=**1**(명)입니다.

6. 곱셈

step 1 개념 확인하기 | 132~133쪽

1 (1) **6, 8, 10** (2) **2, 5** (3) **10**

2 (1) **4, 3** (2) **12**

3 (1)

(2) **4**묶음 (3) **4**배

4 (1) **3**묶음 (2) **3**배 (3) **5, 5, 15** (4) **3** (5) **5, 3**

5 (1) **5** (2) **3, 3, 3, 3, 3, 15**
(3) **3, 5, 15** (4) **3, 5, 15**

1 (1) **2**씩 묶어 세면 **2**−**4**−**6**−**8**−**10**입니다.

4 (3) **5**씩 **3**묶음으로 **5**를 **3**번 더합니다.
(4) **5**의 **3**배는 **5**×**3**으로 나타냅니다.

step 2 기본 유형 익히기 | 134~137쪽

유형1 (1) **3** (2) **3, 6, 9**

1-1 **12, 16, 20**

1-2 **5, 10, 15**

1-3 (1) **5** (2) **2**

1-4 , **6**

1-5 **3, 24**

1-6 , **12, 16 / 16**

유형2 (1) **3** (2) **3**

2-1 (1) **3** (2) **3**

2-2 , **15, 20 / 20**

2-3 **2, 2**

2-4 (1) **4, 12** (2) **4, 4** (3) **4**

2-5 (1) **5, 6** (2) **6, 5** (3) **3, 9** (4) **9, 3**

유형3 (1) **6** (2) **2, 2, 2, 2, 2, 12** (3) **6, 12**

3-1 **4, 12 / 3, 4, 12**

3-2 (1) **6** (2) **3, 3, 3, 3, 3, 18** (3) **6, 18**

3-3 **6, 3**

3-4 (1) **4** (2) **4, 곱하기, 4**

3-5 (1) **7**×**5** (2) **8**×**3**

3-6 **30 / 5, 30**

유형4 (1) **6** (2) **5, 5, 5, 5, 5, 5, 30**
(3) **5, 6, 30** (4) **30**개

4-1 (1) **3**배 (2) **5, 5, 15 / 3, 15**
(3) **5**배 (4) **3, 3, 3, 3, 15 / 5, 15**

4-2 (1) **3** (2) **6, 6, 18** (3) **6, 3, 18**

4-3 (1) **6**+**6**+**6**+**6**+**6**+**6**+**6**=**42**
(2) **6**×**7**=**42** (3) **42**개

4-4 **9, 3, 9, 27 / 3, 9, 3, 27**

1-3 (1) **2**−**4**−**6**−**8**−**10** ⇨ **2**개씩 **5**묶음
(2) **5**−**10** ⇨ **5**개씩 **2**묶음

1-5 **8**씩 묶어 세어 봅니다.

1-6 **4**씩 묶어 세어 보면 바나나가 모두 몇 개인지 알 수 있습니다.

2-1 사탕 **18**개를 **6**개씩 묶으면 **3**묶음이 되므로 사탕의 수는 **6**씩 **3**묶음입니다. 따라서 **18**은 **6**의 **3**배입니다.

3-1 **3**씩 **4**묶음을 덧셈식으로 나타내면
3+**3**+**3**+**3**=**12**이고, 곱셈식으로 나타내면
3×**4**=**12**입니다.

3-2 (2) **3**씩 **6**번이므로 **3**을 **6**번 더합니다.
(3) **3**씩 **6**묶음은 **3**의 **6**배이고, 이것을 곱셈식으로 쓰면 **3**×**6**=**18**입니다.

4-1 (1)

(3)

4-4 **3**송이씩 **9**줄 ⇨ **3**×**9**=**27**
9송이씩 **3**줄 ⇨ **9**×**3**=**27**

 **기본유형 다지기** `138~143쪽`

1 2, 4, 6, 8, 10   **2** 10개
3 4, 8, 12, 16   **4** 8, 16
5 3, 6
6 3 / 3, 3 / 2, 5 (또는 5, 2)
7 (1) 4   (2) 2   (3) 8
8 (1) 4개씩 6묶음   (2) 4+4+4+4+4+4=24
     (3) 24개
9 5, 10, 15 / 15
10 (1) 4묶음   (2) 7, 14, 21, 28   (3) 28개
11 (1) 4   (2) 4   (3) 5, 5, 5, 20   (4) 20
12 7배   **13** 3
14 9+9+9+9=36
15 >   **16** 5, 5
17 8, 12 / 3
18 (1) 7묶음   (2) 7배   (3) 4묶음   (4) 4배
19 4배   **20** 16 cm
21 (1) 3묶음   (2) 9+9+9=27   (3) 9×3=27
22 5 / 3, 5   **23** 3, 12 / 4, 16

24 (1) 4묶음   (2) 4배   (3) 6+6+6+6=24
     (4) 6×4=24   (5) 24개
25 9, 6, 54   **26** ①, ④
27 ㉡
28 (1) 3배   (2) 8×3=24   (3) 24개
29 5, 10, 15, 20 / 5, 4, 20

30

★★★	★★★ ★★★	★★★ ★★★ ★★★	★★★ ★★★ ★★★ ★★★
3×1	3×2	3 × 3	3 × 4

31 (1) 5 / 2, 5, 10   (2) 2 / 5, 2, 10
32 ③, ⑤
33 9, 18 / 6, 18 / 3, 18 / 2, 18
34 (1) 5배
     (2) 6+6+6+6+6=30, 6×5=30
     (3) 30개
35 32개   **36** 20개
37 12개   **38** 42개
39 36개   **40** 45살

2 **2**씩 **5**번 뛰어서 세면 **10**이므로 지우개는 모두 **10**개입니다.

4 **8**씩 묶어 셉니다.

6 모여 있는 수만큼 묶어서 세어 봅니다. 당근은 **5**씩 **2**묶음으로 나타내어도 됩니다.

10 나무 한 그루 : 사과 **7**개, 나무 **2**그루 : 사과 **14**개,
나무 **3**그루 : 사과 **21**개, 나무 **4**그루 : 사과 **28**개

12 **3**씩 **7**묶음이므로 **21**은 **3**의 **7**배입니다.

13 **3**씩 **3**묶음은 **3**의 **3**배입니다.

14 **9**의 **4**배 ⇨ **9**를 **4**번 더하기

15 ・**4**의 **5**배 ⇨ **4**+**4**+**4**+**4**+**4**=**20**
    ・**8**의 **2**배 ⇨ **8**+**8**=**16**
    ⇨ **20**>**16**

17 **4**씩 **3**번 뛰어 세면 **12**가 되므로 **12**는 **4**의 **3**배입니다.

18 딸기를 **4**씩 묶어 보면 **7**묶음이 되고, **7**씩 묶어 보면 **4**묶음이 됩니다.

19 **8**은 **2**의 **4**배이므로 빨간 고추의 수는 초록 고추의 수의 **4**배입니다.

20 쌓기나무 **4**개의 높이는 쌓기나무 한 개의 높이의 **4**배
입니다. 따라서 쌓기나무 **4**개의 높이는
4+4+4+4=16(cm)입니다.

21 유리잔의 수는 **9**씩 **3**묶음으로 덧셈식으로 나타내면
9+9+9=27이고 곱셈식으로 나타내면
9×3=27입니다.

22 **3**씩 **5**묶음이므로 **3**의 **5**배입니다. 따라서 곱셈식으로
나타내면 **3×5**입니다.

23 • **4**씩 **2**묶음 ⇨ **4×2=8**   • **4**씩 **3**묶음 ⇨ **4×3=12**
• **4**씩 **4**묶음 ⇨ **4×4=16**

24 컵을 **6**개씩 묶으면 **4**묶음이므로 컵은 모두
6×4=24(개)입니다.

25 ●씩 ▲묶음 ⇨ ●의 ▲배 ⇨ ● × ▲

27 ㉠ **7**씩 **4**묶음 ⇨ **7×4**
㉡ **7+7+7+7+7** ⇨ **7×5**
㉢ **7** 곱하기 **4** ⇨ **7×4**
㉣ **7×4**

29 **5**씩 **4**번 뛰어 센 것입니다.
5-10-15-20 ⇨ **5+5+5+5=20**
                          ⇨ **5×4=20**

30 • **3**씩 **1**묶음 ⇨ **3×1**   • **3**씩 **2**묶음 ⇨ **3×2**
• **3**씩 **3**묶음 ⇨ **3×3**   • **3**씩 **4**묶음 ⇨ **3×4**

35 자동차 한 대에 바퀴가 **4**개이므로 자동차 **8**대의
바퀴의 수는 **4**씩 **8**묶음입니다.
⇨ **4×8=4+4+4+4+4+4+4+4=32**(개)

36 **4**씩 **5**묶음 ⇨ **4×5=20**(개)

37 성냥개비가 **3**개씩 **4**묶음 필요합니다.
⇨ **3×4=3+3+3+3=12**

38 **6×7=42**(개)

39 동물원에는 호랑이가 모두 **9**마리 있으므로
호랑이 **9**마리의 다리는 모두
4×9=4+4+4+4+4+4+4+4+4=36(개)입니다.

40 아빠의 나이는 현서의 나이의 **5**배이므로 아빠의 나이
는 **9×5=9+9+9+9+9=45**(살)입니다.

1 **8**묶음   **2** **7, 14**

3  , **5, 2**

4
○○○○○○○○   **4, 4, 4, 4, 16** /
○○○○○○○○   **4, 4, 16**

5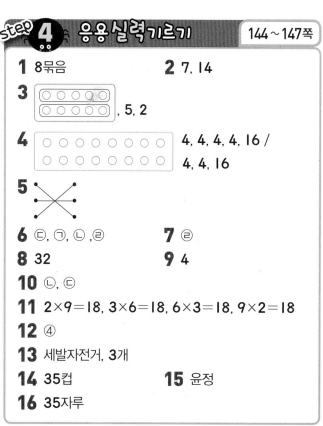

6 ㉢, ㉠, ㉡ ,㉣   **7** ㉣

8 **32**   **9** **4**

10 ㉡, ㉢

11 **2×9=18, 3×6=18, 6×3=18, 9×2=18**

12 ④

13 세발자전거, **3**개

14 **35**컵   **15** 윤정

16 **35**자루

1

2 **7**씩 뛰어 셉니다.

3 **2**씩 **5**묶음으로 나타내어도 됩니다.

5 • **6+6+6=18**
• **7**씩 **2**묶음 ⇨ **7×2=14**
• **4**의 **7**배 ⇨ **4×7=28**

6 ㉠ **7×7=49**   ㉡ **6×8=48**
㉢ **9×6=54**   ㉣ **8×5=40**

7 ㉠ **4+4+4+4+4=4×5,** □**=4**
㉡ **8×3=8+8+8,** □**=3**
㉢ **2×5=2+2+2+2+2,** □**=2**
㉣ **3+3+3+3+3+3=3×6,** □**=6**

8 **8★3=8×3+8=8+8+8+8=32**

9 ㉠ **4×7=28,** ㉡ **3×8=24** ⇨ **28-24=4**

10 ㉠ **7×5=35** ㉡ **9×4=36**
㉢ **6×6=36** ㉣ **5×8=40**

11 • **2**개씩 묶으면 **9**묶음이므로 곱셈식으로 나타내면
2×9=18입니다.
• **3**개씩 묶으면 **6**묶음이므로 곱셈식으로 나타내면
3×6=18입니다.

- 6개씩 묶으면 3묶음이므로 곱셈식으로 나타내면
  $6 \times 3 = 18$입니다.
- 9개씩 묶으면 2묶음이므로 곱셈식으로 나타내면
  $9 \times 2 = 18$입니다.

12 ① 5와 8의 곱 ⇨ $5 \times 8 = 40$
  ② $7+7+7+7+7+7$ ⇨ $7 \times 6 = 42$
  ③ 9씩 4묶음 ⇨ $9 \times 4 = 36$
  ④ $6 \times 8 = 48$
  ⑤ 6 곱하기 5 ⇨ $6 \times 5 = 30$
  따라서 $48 > 42 > 40 > 36 > 30$이므로 나타내는
  수가 가장 큰 것은 ④입니다.

13 • $2 \times 9 = 2+2+2+2+2+2+2+2+2 = 18$(개)
  • $3 \times 7 = 3+3+3+3+3+3+3 = 21$(개)
  ⇨ 자전거 바퀴는 세발자전거가 $21 - 18 = 3$(개) 더
  많습니다.

14 동민이는 지혜보다 하루에 우유를 2컵 더 많이 마시
  므로 $3+2 = 5$(컵)을 마십니다. 따라서 동민이가 7일
  동안 마시는 우유는 모두 $5 \times 7 = 35$(컵)입니다.

15 • 정연 : 9장씩 5묶음 ⇨ $9 \times 5 = 45$(장)
  • 윤정 : 6장씩 8묶음 ⇨ $6 \times 8 = 48$(장)
  따라서 $45 < 48$이므로 색종이를 더 많이 가지고
  있는 사람은 윤정입니다.

16 (처음에 가지고 있던 연필의 수)$= 5 \times 8 = 40$(자루)
  ⇨ (남은 연필의 수)$= 40 - 5 = 35$(자루)

step 5 응용실력 높이기 148~151쪽

01 22	**02** 3
03 38점	**04** 34
05 ㉣, ㉢, ㉡, ㉠	**06** 4상자
07 40개	**08** 2명
09 49	**10** 50장
11 56	**12** 20가지

01 • 3씩 5묶음은 $3 \times 5 = 15$이므로 ㉠$= 15$입니다.
  • 35는 7의 5배이므로 ㉡$= 7$입니다.
  ⇨ ㉠$+$㉡$= 15+7 = 22$입니다.

02 주사위를 던져 나온 두 눈의 수를 곱하여 12가 되는
  두 수는 $(2, 6)$, $(3, 4)$입니다.

그중 두 수를 더하여 7인 것은 $(3, 4)$이므로 두 수
중에서 작은 수는 3입니다.

03 (진우의 점수)
  $= 3 \times 2 + 5 + 9 \times 3 = 6 + 5 + 27 = 38$(점)

04 • 네 수의 크기를 비교하면 $7 > 4 > 3 > 2$입니다. 가
  장 큰 곱은 가장 큰 수와 둘째로 큰 수의 곱이므로
  $7 \times 4 = 28$입니다.
  • 가장 작은 곱은 가장 작은 수와 둘째로 작은 수의
  곱이므로 $2 \times 3 = 6$입니다.
  따라서 가장 큰 곱과 가장 작은 곱의 합은
  $28 + 6 = 34$입니다.

05 ㉠ 6 곱하기 5 ⇨ $6 \times 5 = 30$
  ㉡ 4씩 7번 뛰어 세기 ⇨ $4 \times 7 = 28$
  ㉢ $8 \times 3 = 24$
  ㉣ 2씩 9묶음 ⇨ $2 \times 9 = 18$
  따라서 $18 < 24 < 28 < 30$입니다.

06 한 상자에 8개씩 들어 있는 지우개가 3상자 있으므로
  지우개는 모두 $8 \times 3 = 24$(개)입니다.
  따라서 $6+6+6+6 = 24$이므로 지우개를 한 상자
  에 6개씩 넣으면 4상자가 됩니다.

07 모양 한 개를 만드는 데 필요한 성냥개비의 수 5개에
  만들 모양의 수를 곱하면 되므로 5×8의 식을 세워
  계산합니다. 따라서 주어진 모양 8개를 만들려면 성
  냥개비는 모두 $5 \times 8 = 40$(개) 필요합니다.

08 딸기맛 사탕 : $5 \times 6 = 30$(개)
  포도맛 사탕 : $7 \times 4 = 28$(개)
  ⇨ (사탕을 받지 못하는 학생 수)
  $= 60 - 30 - 28 = 2$(명)

09 • $8+8+8+8+8+8+8 = 8 \times 7 = 8 \times$㉠이므
  로 ㉠은 7입니다.
  • ㉡$+$㉡$+$㉡$+$㉡$+$㉡$+$㉡$=$㉡$\times 6 = 42$에서 ㉡
  은 7입니다.
  따라서 ㉠$\times$㉡$= 7 \times 7 = 49$입니다.

10 (파란색 색종이 수)$= 6 \times 7 = 42$(장)
  (노란색 색종이 수)$= 42 + 8 = 50$(장)

11 가장 큰 두 수의 곱 : $9 \times 8 = 72$
  둘째로 큰 두 수의 곱 : $9 \times 7 = 63$
  셋째로 큰 두 수의 곱 : $8 \times 7 = 56$

12 $9 \times 6 = 54$, $9 \times 4 = 36$, $9 \times 3 = 27$, $9 \times 2 = 18$,
  $9 \times 1 = 9$
  $8 \times 6 = 48$, $8 \times 4 = 32$, $8 \times 3 = 24$, $8 \times 2 = 16$,
  $8 \times 1 = 8$

$7 \times 6 = 42$, $7 \times 4 = 28$, $7 \times 3 = 21$, $7 \times 2 = 14$, $7 \times 1 = 7$

$5 \times 6 = 30$, $5 \times 4 = 20$, $5 \times 3 = 15$, $5 \times 2 = 10$, $5 \times 1 = 5$

따라서 구할 수 있는 두 수의 곱은 모두
$5 \times 4 = 20$(가지)입니다.

단원평가   152~154쪽

1 10, 15, 20   **2** 3

3

▲▲▲   ▲▲▲   ▲▲▲   ▲▲▲
▲▲▲▲ ▲▲▲▲ ▲▲▲▲ ▲▲▲▲

4

5 $7 \times 8 = 56$

6 6, 8, 48   **7** ③

8 (1) 7, 6   (2) 8, 5   **9** ㄹ

10 (1) $8 \times 2 = 16$ (2) $6 \times 6 = 36$ (3) $7 \times 5 = 35$

11 ②   **12** 28개

13 ㄷ   **14** <

15 ㄴ   **16** 5, 15 / 3, 15

17 32개   **18** 15개

19 풀이 참조 / 28개   **20** 풀이 참조 / 32개

---

3 ▲가 7개씩 4묶음이 되도록 그립니다.

7 ③ $4+4+4+4+4 \Rightarrow 4 \times 5$

8 (1) $7+7+7+7+7+7$
    $\Rightarrow$ 7씩 6묶음 $\Rightarrow$ 7×6
(2) $8+8+8+8+8$
    $\Rightarrow$ 8씩 5묶음 $\Rightarrow$ 8×5

9 6의 2배 $\Rightarrow$ 6×2 $\Rightarrow$ $6+6$ $\Rightarrow$ 6 곱하기 2

12 포장지에 있는 ★의 수는 7씩 4묶음이므로
$7 \times 4 = 28$(개)입니다.

13 ㄱ, ㄴ, ㄹ은 5×6을 나타내지만 ㄷ은 5×5를
나타냅니다.

14 $5 \times 5 = 25$, 7 곱하기 4 $\Rightarrow$ $7 \times 4 = 28$이므로
$25 < 28$입니다.

15 ㄱ $3 \times 9 = 27$ ㄴ $6 \times 5 = 30$ ㄷ $2 \times 8 = 16$

---

17 성냥개비가 4개씩 8묶음 필요합니다.
    $\Rightarrow$ $4+4+4+4+4+4+4+4 = 32$(개)
    $\Rightarrow$ $4 \times 8 = 32$(개)

18 빨간색 선 하나에 점이 3개씩 있고, 빨간색 선은 모
두 5줄입니다. 따라서 점은 모두 $3 \times 5 = 15$(개)입니
다.

19 ㉘ (참새의 다리 수)$= 2 \times 6 = 12$(개),
(토끼의 다리 수)$= 4 \times 4 = 16$(개)
따라서 참새와 토끼의 다리는 모두
$12+16 = 28$(개)입니다.

20 ㉘ 가영이가 구슬을 4개 가지고 있으므로
웅이가 가지고 있는 구슬의 수는
$4 \times 2 = 8$(개)입니다.
동민이는 웅이가 가지고 있는 구슬의 4배만큼
구슬을 가지고 있으므로
동민이가 가지고 있는 구슬의 수는
$8 \times 4 = 32$(개)입니다.

Memo

정답과
풀이

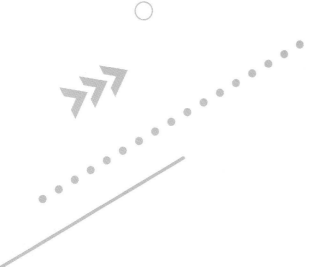